发展心理学

（彩色图解版）

DEVELOPMENTAL PSYCHOLOGY

[英] 柯比·迪特－德卡德 等 主编
（Kirby Deater-Deckard）
曾若彤 朱婉纯 译
窦卫霖 审

人民邮电出版社
北 京

图书在版编目（CIP）数据

发展心理学 : 彩色图解版 /（英）柯比·迪特 - 德卡
德（Kirby Deater-Deckard）等主编 ; 曾若彤，朱婉纯
译 . -- 北京 : 人民邮电出版社，2024.8. -- ISBN 978-
7-115-64650-7

Ⅰ . B844

中国国家版本馆 CIP 数据核字第 2024G8R992 号

内 容 提 要

生命的历程是漫长的，从胚胎到婴儿，从儿童到青少年，这些阶段各自有什么样的特点？我们应该怎么认识这些阶段的特点？发展心理学作为心理学中的重要分支，全面讲述了人类各个时期的生理、认知发展及人格发展的特征，是人们更好地了解自我的一门有趣学科。本书描述了从胚胎到成人的个体心理发生与发展过程，对胚胎发育、婴儿认知、知觉发育、记忆发展、问题解决能力发展、情绪发展、社会发展等内容进行了详细论述，并从发展心理学的应用与应对未来挑战的角度进行了讨论，内容引人入胜。另外，书中还配有大量全彩图示和对知识点的分拆讲解，有助于丰富读者的感官体验，帮助读者轻松了解心理学与日常生活的关系。

本书适合对心理学感兴趣的读者阅读，也可作为心理学从业者的学习和参考用书。

◆ 主　　编　[英]柯比·迪特 - 德卡德（Kirby Deater-Deckard）等
　　　译　　曾若彤　朱婉纯
　　　审　　窦卫霖

责任编辑　姜　珊　陈斯雯
责任印制　彭志环

◆ 人民邮电出版社出版发行　　　　北京市丰台区成寿寺路 11 号
邮编 100164　　电子邮件 315@ptpress.com.cn
网址 https://www.ptpress.com.cn
中国电影出版社印刷厂印刷

◆ 开本：880×1230　1/24
印张：8　　　　　　　　　　　　2024 年 8 月第 1 版
字数：150 千字　　　　　　　　 2024 年 8 月北京第 1 次印刷
著作权合同登记号　图字：01-2022-2805 号

定　价：49.80 元
读者服务热线：（010）81055656　印装质量热线：（010）81055316
反盗版热线：（010）81055315
广告经营许可证：京东市监广字 20170147 号

目录

第一章　胚胎发育

新生儿天生拥有……早期生活必备的独特技能。

丽丝·艾略特博士（Dr. Lise Eliot）

在我们的想象中，胎儿的生活一定是黑暗和安静的，周围环境几乎没有变化。但最近的研究表明，这种猜想是错误的：子宫里会产生大量刺激性活动，用以塑造胎儿的大脑。随着胎儿大脑的发育，胎儿的认知能力及感知能力也在不断提高。

当男性的生殖细胞（精子）与女性的生殖细胞（卵子）结合后，人就诞生了。这一过程被称为受精。受精卵（或卵细胞）将继续发育成胚胎，在平安地度过大约38周的孕期后成为新生儿。

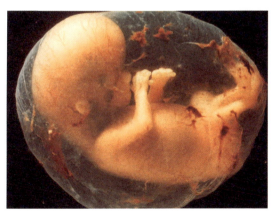

我们从生命伊始就获得了认知能力。研究表明，胚胎在子宫中生长时，就已经发育出在出生后即将用到的大部分感官。

中枢神经系统

受精约3周后，受精卵中有三分之一的部分开始发育，迅速形成由脊髓和大脑构成的中枢神经系统（central nervous system），这部分也被称作外胚层。外胚层会发育为表皮（皮肤的外层）和其他结构，如头发、指甲、大脑和神经系统等。一部分外胚层向内折叠，形成一个中空的圆柱体，被称作神经管。

这条神经管将分化出中枢神经系统中的主要部分：后端分化出脊髓，前端分化出前脑和中脑。脊髓的末端分裂成一系列节段，前端形成一系列凸起。到了第5周，这些凸起就会形成大脑雏形。神经管周围形成感觉系统和运动系统，同时，在神经管前端首次能够检测到大脑不同区域间的神经通路。同样在前端，神经管沿径向发

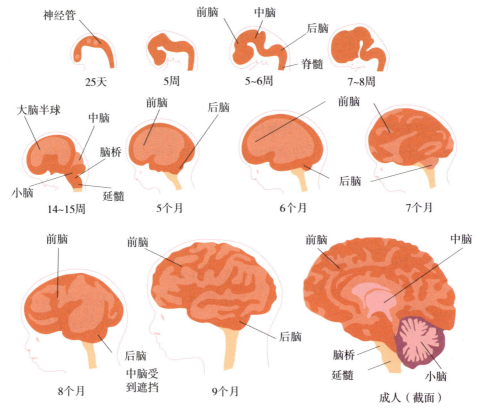

受精约 25 天后，随着神经管的出现，大脑雏形形成。5 周左右，脑干出现，并进一步发育为延髓、脑桥和前脑。5~6 个月时，脑干可以支持宫外呼吸。5 个月后，中脑就无法作为独立结构被观测到了。延髓的主要结构在 7~8 周形成。第 8 周后，脑桥出现。大脑皮层发育最晚，第一道脑沟（皱纹）在 20 周左右出现。

育出大脑极为复杂的表层，即皮层。

增殖

在神经管形成（受精后的第 25 天）后的几天里，神经管上的凸起，特别是径向的凸起迅速增大，分裂成新细胞。神经管形成 14 天后，即受精后的 5~6 周，部分细胞进入大脑发育的下一阶段。这些细胞迁移至神经管外周，在管壁堆积，之后发育成中枢神经系统的主要组成部分。

随着越来越多的细胞堆积，神经管外

壁不断加厚，新细胞从内向外的迁移变得愈发困难。为了帮助细胞顺利迁移，部分新细胞发育成另一类细胞，并迁移到旁边，为其他细胞提供通路。这些"自我牺牲"的细胞被称为放射状胶质细胞，而通过它们制造"通路"的细胞被称为神经母细胞，即日后发育为神经元的原始细胞。

神经元和胶质细胞

成熟的人类神经系统主要由神经元和胶质细胞构成，两类细胞的功能不同。神经元是以单个或数百万、数十亿为单位交流信息的神经细胞。

胶质细胞为神经元提供能量。在胎儿的大脑中，胶质细胞的数量是神经元数量的数十倍。

到了第16周，胚胎中的大部分神经元已经形成。神经元一边形成一边迁移到需要更多细胞的大脑其他区域，科学家们仍在努力了解这一过程。

神经系统发育

在大脑发育过程中，增殖区不断生成新细胞。增殖区位于充满液体的室管系统（脑室）。在这里，尚未分化为神经元或胶质细胞的细胞通过神经系统发育过程被赋予特殊性。到第18周时，神经系统发育基本完成，大多数细胞都已经迁移至大脑的固定区域，不再移动。已经形成的神经元会持续工作直到人体死亡，而身体其他部位的细胞则会再生以修复由疾病或其他有害环境造成的损伤，两者形成了鲜明的对比。不幸的是，这意味着如果神经系统受到损伤，神经元将无法增殖再生，损伤也就无法逆转。此外，胶质细胞作为神经元的能量来源，也会因脑损伤而受损，从而导致大脑受损区域的神经元缺乏营养而死亡。

> 尽管从出生到成年，人类的脑容量翻了两番，但这是由纤维束、树突、髓鞘化的增加所导致的，而不是神经元的增加。
>
> ——马克·约翰逊教授
> （Professor Mark Johnson）

除了增殖和迁移，神经元还必须学会

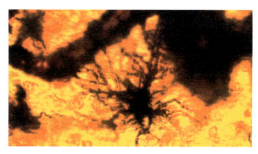

图为星形胶质细胞的扫描图。星形胶质细胞呈星形，为神经元输送营养，并固定神经元。星形胶质细胞还参与死神经元的代谢。

焦点

细胞迁移

细胞迁移分为两种形式：细胞位移和细胞运动。细胞位移相对简单，即首先形成的细胞被之后形成的细胞向外推。最先形成的细胞被推到正在发育的大脑的表面，新细胞构成下丘脑等深层内部结构。

而在细胞运动中，新细胞会穿过旧细胞，并停在其上层。细胞运动常见于大脑皮层和具有分层结构的皮层下区。

这些大脑区域更为复杂，细胞高度分化。当新细胞出现后，旧细胞就会给它们让路。这样，新细胞总是在上层，旧细胞总是在下层。

新的神经胶质细胞总是沿着相同的路径移动。为了保持路径通畅，旧细胞必须为新细胞的自由移动让路。但如果旧细胞出于某些原因没能让路，新细胞的移动就会受阻，这种堆积可能会导致神经细胞间的错误连接，进而可能影响人的行为。

如何相互交流，形成相应的交流工具。一旦神经元迁移至固定位置，细胞体就开始向其他神经元延伸出"触角"，这些延伸被称为树突和轴突。

每个神经元都会长出一个轴突。轴突负责传递信号，长度不一。轴突向外延伸，与邻近的神经元或距离较远的神经元（如脊髓底部的神经元）相连，有时远达几英尺[①]。树突短，有分支，沿着神经元的细胞体生长，接收其他神经元发出的信号。

突触发生

神经元上突触的生长过程被称作突触发生。突触连接树突和轴突，使得神经元之间可以相互交流。这种交流的媒介，或者说将信息从一个神经单位传递到另一个神经单位的"信使"被称作神经递质。神经递质是通过突触从一个神经单位释放给另一个神经单位的少量化学物质。一个神经元可能有多达数万条突触，一个人体内总的突触数量可能会达到数万亿，突触之间可能也会有上百种神经递质。突触发生的速度快得惊人。丽丝·艾略特在《小脑袋里的秘密》（*What's Going on There?*）一书中指出，在受精后的两个月到出生后的两年间，人体每秒都会生长出180万个新

---

① 1英尺 =0.3048 米

突触。

但从另一方面来看，胎儿大脑建立的连接比最终需要的多得多。之后，突触会被修剪。神经科学家发现，突触的使用情况决定其是否会被修剪。突触的使用取决于个人经历，因此，经历的确会塑造大脑。突触参与的电活动越多，存活下来的概率就越高，因为电活动使突触稳定下来，留在固定位置。

突触的形成和修剪解释了人类发育过

焦点

建立连接

令研究人员仍然感到困惑的一个问题是，神经元如何知道要和哪些神经元建立连接？直到现在，人们仍然认为这个问题无解。然而，神经科学家发现人的经历的确会影响人脑的形成。每个神经元都向周围的神经元延伸出树突，但只有那些使用过的树突才会被保留下来。当神经元迁移到特定的大脑部位后，会延伸出一根细细的分支，即生长锥，用于"嗅"出应该与之"交谈"的细胞。

生长锥朝各个方向延伸出分支，试图探测目标神经元。为了找到目标，这些分支依赖脑电活动引起的磁场向其他神经元移动（神经元会释放特定化学信号）。

一旦接触，树突便会形成突触，细胞开始相互交流。这种连接在日后不断地使用中得到强化。例如，研究成年人抑郁症的心理学家发现，轻度抑郁症患者之所以病情会加重，实际上是由于他们倾向于把中性事件——如火车晚点等了几分钟——都当作重大灾难。记录消极情绪的脑细胞经过频繁使用不断强化，使得轻度抑郁恶化成临床抑郁。认知心理学家大卫·O. 安东努乔（David O. Antonuccio）、威廉·G. 丹顿（William G. Danton）及加兰·Y. 德内尔斯基（Garland Y. DeNelsky）利用这一发现论证了抑郁症应该接受心理治疗而不是药物治疗。抑郁症患者想要痊愈必须改变思考方式，强化记录积极情绪的脑细胞。

抑郁症可能与大脑强化思维的方式有关。研究胎儿大脑的研究人员提出了这一想法。

程中的两个关键因素。第一，强大的人脑几乎能够做任何事。如果你使用多种语言跟婴儿讲话，婴儿便能轻易掌握你说的所有语言，因为婴儿形成了许多与语言相关的突触连接。第二，随着年龄的增长，成年人会发现自己形成新的认知愈发困难，因为之前不需要这些突触，它们从未被使用过，所以可能被修剪了。

从胚胎到胎儿

受精 8 周以后，胚胎就被称为胎儿，胎儿是一个希腊词，意思是"小人儿"。到这时，胎儿的四肢清晰可辨，面部结构与出生时无二。胎儿开始出现独立的神经活动，能够控制自己的运动——头部和腹部有小幅运动。当母亲有压力时，胎儿的心率会增加，这表明胎儿会对环境做出反应。

从怀孕第 8 周到第 12 周，再到婴儿出生，胎儿不再长出新的身体部分，已有部分及功能会得到进一步发育和完善。

孩子出生前，从肾脏到大脑结构的各种基本情况就已经固定好了。

大脑皮层

大脑中负责人类特有行为的部分被称为大脑皮层，即位于成年人脑表面的褶皱。

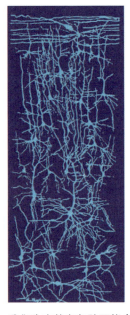

我们生来就有各种可能会用到的神经元，之后不再形成新神经元。然而，现有的神经元会长出新的树突，从而形成新的突触。上面左图是艺术家描绘的 3 个月大的婴儿前额叶树突的生长情况，右图为 2 岁儿童前额叶树突的生长情况。

这些褶皱（也就是脑沟）由折叠形成，增加了皮层的表面积。毫无疑问，大脑皮层是胎儿大脑较晚发育的部分之一，也是人类最后进化出来的部分。

5~6 个月时，胎儿的脑干足以支持宫外呼吸。但即使到了这一阶段，大脑皮层的功能还不完善，仍然缺乏成年人脑的褶皱脑沟。

脑沟的出现分为三个阶段。所有人都有的一级脑沟大约在 20 周时能清晰地显示出来。相比之下，第三阶段（即三级脑沟）的发展因人而异，一直到婴儿出生后一年才能发育完全。人们对二级脑沟的了解较少，尽管这方面的研究不断增加。婴儿在出生后的一年中，大脑重量几乎会增加到之前的两倍。

髓鞘化

为什么成年人思考得比婴儿快？成年人脑中有更多突触经过修剪，因此他们的神经回路比婴儿的更加精简。还有一个更为简单的解释，你可以将神经元想象成很多导线，轴突是其中一根导线，在婴儿体内这根导线的导电性不佳。而成年人的轴突被一种脂肪物质（髓鞘）覆盖，使之与其他神经元隔绝开来，这就像塑料外壳对电线起到了绝缘的作用。

> 髓鞘化始于妊娠期第 5 个月的脊髓神经纤维，止于 9 个月临产时的脑部。
>
> ——丽丝·艾略特博士

髓鞘的发展过程被称作髓鞘化（myelination），是大脑发育较缓慢的过程之一。妊娠期第 5 个月时，髓鞘化从脊髓开始，但直到第 7 个月以后，大脑才开始出现髓鞘化，一直持续到出生。髓鞘化贯穿整个婴儿期，作用十分关键，大脑中与认知功能相关的

实验

胚胎和语言

学习语言需要实践。但这种实践始于何时呢？1986 年，北卡罗来纳大学（University of North Carolina）的安东尼·德卡斯帕（Anthony DeCasper）和梅拉妮·J. 斯彭斯（Melanie J. Spence）进行了一项著名研究，研究结果表明，婴儿从出生前就开始学习语言。在他们的研究中，一些母亲为胎儿反复大声朗读苏斯博士（Dr. Seuss）写的故事《戴帽子的猫》（The Cat in the Hat），而另一些母亲也朗读同样的故事，但改了几个关键名词，故事就变成了《大雾中的狗》（The Dog in the Fog）。

在新生儿出生后的第 1 周，研究人员给他们橡胶奶嘴，这种奶嘴与记录吮吸速度的仪器相连。当婴儿听到他们曾在子宫里听过的故事时，吮吸速度会加快。当听到原版故事而不是改编故事时，婴儿的反应更为明显。令人惊讶的是，与听到父母或其他熟悉的声音朗读改编故事相比，婴儿听到陌生声音朗读原版故事时的反应更明显。

这项惊人的研究表明，胎儿已经在关注语言，学习构成语言的声音的特征，但这对我们了解婴儿的大脑有什么启示呢？宠物一生都能听到语言，但它们永远学不会说话，也只能理解最简单的那几个单词。人类大脑有学习语言的设定。在子宫内的前 6 个月，颞平面（大脑中与语言产生和理解相关的区域）在左脑发育得比右脑更好，因为大多数人的语言功能区位于左脑。对早产儿的研究表明，到 6 个月末，胎儿左半脑就会形成专门的语言区：右耳听词更清楚，这意味着信息传送到了左半脑（大脑将身体一侧接收到的信息传递给另一侧的大脑）。

还有两个因素表明，婴儿在出生前大脑就开始学习语言的各个方面。其一，成年人只能注意到熟悉的语言中的音素（语言里语音的最小单位）。然而，胎儿和新生儿甚至能察觉出不熟悉的语言中的音素，这使得他们能够专注学习更复杂的语言规则。研究表明，当新生儿察觉到新音素时，吮吸橡胶奶嘴的速度会加快，这表明他们认出了这些音素是新的。其二，有证据显示，到第 5 个月末，胎儿能识别发音相似的音素间的差别，这表明大脑在形成过程中就具备了这种能力。

部位在形成髓鞘之前，都无法形成某些完整的认知功能。认知功能是由大脑皮层驱动的所有行为，属于高级处理，如记忆、语言或推理。

环境因素

影响胚胎和婴儿发育的因素有很多，包括环境和父母的产前行为，后者对婴儿的认知能力和情感能力有很大影响。

在妊娠前 3 个月，不利环境对发育中的胎儿可能会造成毁灭性的影响。这些因素被称为致畸因子，即影响胎儿发育的环境因素。致畸因子包括父母的年龄、母亲的饮食和健康状况、是否有生理或心理压力、血液中是否存在不利的化学物质（如药物）。

孕产妇营养

胎儿需要从母亲的血液中获取营养。为了顺利发育，胎儿必须在特定的发育阶段获取所需的营养。母亲血液中所含的营养都有可能被胎儿吸收，因此，一旦母亲缺乏某种营养物质，胎儿很可能会营养不良。

大脑发育所需的一种重要营养物质是

焦点

多发性硬化和癫痫

最常见的髓鞘脱失疾病是多发性硬化。多发性硬化患者的免疫系统将生成髓磷脂的细胞和髓磷脂本身错当成类似疾病的异物，这样一来，免疫系统就会攻击髓磷脂。如果没有髓磷脂，神经元就无法进行远距离通信，随着患者年龄的增大，就会出现严重的运动和感觉问题。

癫痫是另一种与髓鞘形成相关的常见疾病。癫痫患者是指癫痫发作的人。癫痫发作的严重程度取决于神经元通信中断的规模。小幅中断引起癫痫小发作，更为严重的癫痫由脑电活动大量放电引起，扰乱神经元之间的交流，也就是所谓的癫痫大发作。在最严重的情况下，大发作会破坏负责维持呼吸的大脑区域，导致患者死亡。

降低癫痫损害的一种方式是确保所有神经元都被很好地隔绝起来。因此，儿科医生经常建议年轻的癫痫患者食用高脂肪食物，尽可能确保中央神经系统的髓鞘完整。营养学家建议孕妇在孕期饮用全脂牛奶，因为髓鞘主要由脂质（牛奶中的一种脂肪）构成。近年来，人们已经认识到儿童在 2 岁之前都应该饮用牛奶，因为他们的脑中有很多部位仍然在形成髓鞘。

叶酸（B 族维生素的一种）。在怀孕的前 12 周，胎儿需要叶酸来形成中枢神经系统。如果叶酸数量不足，神经管可能无法正常形成，从而导致婴儿中枢神经系统出现问题，如脊柱受损。由于女性通常在受孕 4~8 周才发现自己怀孕，多数儿科医生都建议孕龄妇女服用叶酸片或每天早上吃富含叶酸的麦片。

营养学家也建议孕妇多喝牛奶来提高体内钙的含量，因为钙对婴儿骨骼和牙齿的形成至关重要。牛奶中的脂肪对中枢神经系统中髓鞘的形成也很重要，而髓鞘是婴儿正常发育的关键。

孕妇压力

如果孕妇的压力很大，就可能导致怀孕和分娩时出现并发症。一些研究甚至将孕妇的压力与早产、新生儿体重过轻及婴儿之后的行为障碍联系在一起，但这种联系背后的原因仍不明确。然而，1982 年，美国心理学家斯特赫勒（Stechler）和霍尔顿（Halton）提出，母亲的压力可能会导致血液流向自己的主要器官而不是胎儿，这种情况很可能导致胎儿暂时缺氧。这也许能够解释前述的临床问题。

尽管人们常常认为孕妇压力是导致难产的一个可能的原因，但我们必须记住因果可能会颠倒。有可能是怀孕的不适感导致孕妇产生压力，而孕妇本身并没有意识到这一压力的来源。

酒精

酒精是一种致畸因子。在前 12 周，孕妇血液中即使含有少量酒精也会增加流产的风险。

孕妇血液中的酒精会流向婴儿，麻痹婴儿的额叶。孕妇饮酒越多，胎儿大脑被麻痹的可能性就越高。酒精先麻痹额叶再麻痹中脑（如丘脑），很容易让胎儿失去知觉。如果胎儿血液中的酒精含量持续上升，就会麻痹脑干，血液无法流向胎儿大脑，会导致胎儿死亡。

即使孕妇只是一个晚上过量饮酒，也有可能导致胎儿酒精综合征（Fetal Alcohol Syndrome，FAS）。患有 FAS 的婴儿出生体重较轻，之后还有可能出现学习困难或其他认知缺陷。典型的 FAS 患者眼距更宽，额头更大，内脏器官经常出现异常，因为在他们出生前，酒精干扰了正常的细胞繁殖。出生前接触酒精是导致普通人产生认知缺陷的主要原因。20 世纪 80 年代，美国每 1 000 个婴儿中就有两个受到酒精的严重影响。

> 孕妇在孕期的饮食和身体成分与婴儿成年后患高血压、胰岛素抵抗和心脏病的风险有关。
>
> ——D.M. 坎贝尔等（D.M. Campbell et al.）

孕期吸烟

20 世纪 30 年代，人们首次发现如果母亲有吸烟的习惯，婴儿出生时会体重过轻。从那时起，科学家就确定女性孕期吸烟会极大地增加流产或早产的概率。早产和出生体重过轻都会增加婴儿出现认知缺陷和神经损伤的概率。

香烟中含有很多化学物质，如焦油和尼古丁，但专门研究吸烟对胎儿影响的科学家的主要研究对象都集中在尼古丁上。

尼古丁导致孕妇每次心跳流向胎儿的含氧血液或减少或增加，影响血液的输送。一些科学家认为，这会改变胎儿的"呼吸"模式，并且这种影响会延续到出生以后，还可能与婴儿猝死综合征（Sudden Infant Death Syndrome，SIDS）有关。

钙和脂肪对胎儿大脑中髓磷脂的形成至关重要。牛奶提供了形成髓鞘所需的全部营养物质。

当小白鼠腹中的鼠宝宝体内被注入尼古丁时，鼠宝宝额叶皮层区神经元的生长速度似乎会减慢，这些区域负责记忆和空间技能的使用。胎儿大脑发育放缓十分值得关注，因为大脑的某些区域必须在特定的关键期发育，如果错过关键期，就永远无法发育完全。

这些区域（如大脑的前额叶）都与执行功能中更为高级的认知过程有关，即人类特有的认知过程，如对未来行动的规划。受到孕妇孕期吸烟的影响，婴儿的智商可能会低于平均水平，并出现其他认知缺陷。

胎儿行为与认知

到第 6 个月时，胎儿已经有能力在宫外生存，但其认知功能仍处于发育过程中。了解认知功能何时发育和了解它们是什么同样重要。

在电影《大地的女儿》（Nell）中，朱迪·福斯特（Jodie Foster）扮演的女主角妮尔因为很少与他人接触，所以语言能力有限。现实生活中有很多类似妮尔的例子，所有例子都强调了发展过程中存在特定时期，某些技能必须在这些时期内学习。一旦这段时间过去了，一些认知技能再也无法发展到同样水平。这一窗口期被称作关键期，与大脑发育和突触连接有关。正是在修剪突触、神经通路精细化的时期，关键期才会出现。当修剪完成时，大脑该区域的关键期也会随之结束。

许多认知技能的发展都有关键期。例如，儿童需要在 4 岁前掌握复杂的认知技能，如语法学习。甚至胎儿还在子宫里学习时，神经元就会被修剪，学习使用味觉、嗅觉等感官的关键期就出现在这个时候。

宫内发育在所有关键期中最为重要，因为这是影响大脑功能的早期因素。

触觉

在出生前，胎儿就已经能够分辨不同的触感。胎儿会充分探索周围的环境。例如，有证据表明，胎儿会踢母亲的胸腔，因为这会给他们带来一种新奇的触觉。我们还知道，早在孕 12 周时胎儿就会吮吸拇指。负责触觉的躯体感觉系统在婴儿出生时虽然尚未发育完全，但已发育到高级状态，这就是为什么新生儿被抱着爱抚时会感到十分快乐。

> 和其他形式的触觉一样，痛觉是新生儿发育得较为成熟的感觉之一。
>
> ——丽丝·艾略特博士

一些研究人员认为，躯体感觉系统在新生儿所有的感官中最为发达。从很多方面来看，这都出乎意料，因为触觉是一种复杂的感觉，且形式多样。

人们经常会问一个问题：胎儿能否感受到疼痛？针对该问题的研究持续开展，我们发现，胚胎到第 5 周就能对其他体感影响产生反应，如口鼻附近的刺激。

在第 14 周结束前，胎儿似乎就形成了

疼痛感发育的基础，因为不到 3 个月的胎儿就能躲避医生的针头，除非他们处于麻醉状态。此前，科学家们认为，胎儿感觉不到疼痛是因为大脑皮层尚未发育完全，但现在有研究明确证实了与之相反的结果，让他们改变了想法。现在，麻醉剂也用于胎儿手术中。

经典条件反射是一种更高级的学习方式，研究表明胎儿也有经典条件反射。当把两种刺激配对时，二者之间会形成一种联系，经典条件反射就出现了。例如，如果一只狗在获得食物前听到一种声调，那么当它再次听到这种声调时，就会分泌唾液。如果母亲经常乘火车去工作，腹中的胎儿在听到火车驶来的声音时似乎就能知道，不久后他们就会登上这辆晃晃悠悠的火车。

超声波研究证明，母亲听特定的音乐来放松，胎儿听到这个音乐也会放松。如果母亲和胎儿都反复听一首歌，胎儿通常放松得更快。5 个月大的胎儿已经展示出了这种学习方式。

前庭系统

怀孕第 16 ~ 20 周，多数孕妇都能感觉到胎动。但只有当胎儿长得足够大时，孕妇才有这种感觉，这被称作"胎动初期"。事实上，胎儿在几周前就开始了第一次运动。胎动是心理学家用来衡量胎儿发育最佳的自然（非侵入式的）方法之一。

运动和平衡是婴儿出生时相对发达的感官，因为他们在子宫里的后几个月一直能够感受到母亲及自身的运动。前庭系统是负责运动感和平衡感的感知系统，位于人的内耳，由一组充满液体的半规管组成。胎儿5个月大时，前庭系统

新生儿喜欢被抱着，因为婴儿在刚出生时触觉体感系统较为发达。

就完全形成了，其工作方式与出生后无异。

随着胎儿一点点长大，因为子宫的扩展有限，胎儿的活动空间也越来越小。胎儿在5个月时的活动空间最大。通常情况下，如果母亲的姿势让胎儿不舒服，或当胎儿处于痛苦状态时，胎儿就会伸腿或伸胳膊来挪动自己的身体。从怀孕第5个月开始，孕

胎儿有记忆能力吗

焦
点

大家都知道，早年的童年时光最终会被遗忘，例如，我们无法回忆起小时候换尿布时的感受。这种现象被称作婴儿健忘症。许多研究人员惊讶地发现，胎儿的记忆功能已经很完善，有两方面证据可以支持这一发现——对胎儿的研究和对新生儿的研究。

感觉运动学习是一种简单的学习形式。蠕虫、微生物等简单的生命形式通过这种学习形式来记忆应对周围环境变化的特定方式。胎儿也有感觉运动学习：当母亲腹部的一侧受到摩擦时，胎儿会移动到另一侧，因为他们知道这样可以避免不必要的刺激。

对新生儿的研究也清楚地表明，新生儿记得在子宫里的经历。当新生儿听到出生前经常听到的音乐时，会停止哭泣。但如果新生儿听到的是在出生后才第一次听到的音乐，就不会有这种反应。

妇就无法平躺休息，因为这个姿势会让胎儿感到不舒服。从第6个月到胎儿出生，胎儿伸腿的次数似乎减少了，而来回扭动等全身运动的次数会增加，这是因为子宫内的活动空间越来越小。然而，在这一时期，胎儿的头部运动次数会增加，这是因为头部尺寸增大，占据了子宫很大一部分空间。头部运动和身体运动有助于胎儿认识到自己在控制自己的身体——由于前庭系统十分复杂，控制自身运动需要大量学习。科学家们发现，如果孕妇始终处于疲劳状态，腹中的胎儿就没有其他同时期的胎儿动得那么频繁。这可能会导致婴儿出生时体重偏轻，智力也会受到影响，婴儿在出生时，甚至在之后的生活里都更容易生病。

视觉能力的发育

视觉是最为复杂的感官之一，这就是为什么胎儿的视觉直到出生都没有发育完全。但与其他哺乳动物（如狗、猫、老鼠等）相比，人类幼崽出生时在观察外部世界方面算是准备得相当充分了。因为其他动物出生时眼睑仍然是粘连的，可能需要数周才会分开，而人类胎儿的眼睑在第4个月时就分开了。

研究表明，胚胎发育4周后眼睛开始形成，视力随之开始发育。视觉发育从眼睛开始，再到大脑。到第8周，视神经形成。视神经是大脑中的一种通路，将视觉信息传递到位于大脑后部的视觉区域，也就是枕叶皮层。在婴儿出生后，运动监测等视觉认知中最为复杂的功能在枕叶皮层得到充分发育。

形状和空间

视觉皮层并不是成年人形成视觉认知所需的唯一大脑部位。成年人脑中还有两条独立但互补的通路。胎儿脑中这两条通路的发育时期不同，但在出生时都未能发育完全。

知觉形状的腹侧通路沿着大脑皮层的枕颞叶分布，负责识别物体是什么、有什么用途。颞叶受损的成年人无法识别物体，但能够说出物体的形状、大小及其他重要信息。胎儿时期大脑的腹侧通路发育缓慢，出生后才能发育完全。

知觉空间位置的背侧通路沿着枕顶叶分布，负责识别空间位置关系，如你的座位与房间门之间的位置关系。顶叶受损的成年人无法识别空间位置关系，有时即使能够识别物体，也无法将其拿起来。胎儿脑中的背侧通路更加高级，从第4个月开始发育。

　　婴儿出生时，背侧通路比腹侧通路更发达，这或许是因为胎儿用到背侧通路的次数比腹侧通路多。从第 4 个月到第 6 个月，枕叶皮层和背侧通路中视觉区域的突触以每天 100 亿个的惊人速度增加。婴儿 4 个月大时，背侧通路的突触密度达到顶峰，而腹侧通路的突触还需要再生长 8 个月。这就是为什么新生儿在完成追踪物体等视觉任务时比完成识别两个相似物体间的差异这类任务时表现得更好。

大脑中知觉形状的腹侧通路和知觉空间位置的背侧通路帮助我们理解看到的东西。沿枕颞叶分布的腹侧通路帮助我们识别看到的物体，沿枕顶叶分布的背侧通路帮助我们定位物体与自己的相对位置。

味觉

　　味觉与视觉或触觉等其他感官相比有很大差异。味觉是婴儿出生时最发达的感官之一。胎儿口中的细胞，即味蕾，可以辨别羊膜囊中的化学物质。不同味蕾负责感受酸甜苦咸等不同味道。

　　第一个味蕾出现在第 8 周。14 周左右的胎儿，味蕾上的神经与脑中不断发育的皮质相连，胎儿从那时起就能够尝到周围羊水的味道。事实上，从 6 个月起到出生，胎儿每小时都会至少喝一次羊水。

　　羊水很可能是咸的，因为羊水中大部分都是胎儿的尿液。味蕾将咸味的味觉信息传递到大脑中的髓质，髓质是脑干的一部分。

　　脑干对于吞咽、流口水等其他进食行为来说也十分重要，味觉会触发这些行为。味觉信息由髓质传递到大脑的皮质区，并在这里被记录下来，喝了羊水的胎儿就会意识到羊水的味道。

　　胎儿的味觉尤其重要，一些科学家认为胎儿在子宫里的味觉体验将会影响到之后的饮食偏好。目前，我们还无法在人类身上开展相关研究，但已经做了动物实验：如果给怀孕的动物喂特定的食物，不管这种食物是甜的、酸的、苦的还是咸的，动物幼崽在断奶后都会更倾向于吃这种食物。这种"味觉记忆"似乎有助于新生儿进食，因为羊水中含有的一些化学物质同样存在于母乳中。

嗅觉

胎儿在子宫内就有嗅觉。与嗅觉相关的感觉系统被称作嗅觉系统。嗅觉系统在胎儿6～7个月大时开始工作，因为在此之前，有一些组织会防止羊水进入上鼻。这些组织消失以后，气味分子与鼻腔黏液结合，将气味信息传递到大脑中的嗅球。

嗅球处理气味信息并传递给大脑丘脑。丘脑对几乎所有感官都很重要，它相当于探测气味并最终帮助大脑识别气味的中转站。

气味信息由丘脑传递到许多不同区域，但只有当其到达大脑表层的初级嗅觉皮层时，胎儿才能意识到这种气味。最近的研究表明，6个月的胎儿就能闻到母亲吃的食物的气味，也能尝到味道。在嗅觉发育过程中，有一段时间气味需要通过鼻黏膜中的液体传递，这使得胎儿能在液体中闻到

气味，就像我们在空气中闻到气味一样。

听觉

听觉系统帮助胎儿听到声音，从孕晚期就开始正常工作。从4个月开始，胎儿就能够听到子宫外的声音。即使声音在穿过子宫和羊水时会被扭曲，胎儿还是能分辨出熟悉的声音和陌生的声音。更奇怪的是，6个月及以上的胎儿突然听见附近发出声音时会眨眼。胎儿听到的第一个声音是低频的，因为低频的声音最容易从外部穿过子宫。

声波产生的振动在胎儿周围的羊水中传播，胎儿的耳朵会检测到这些振动并将其传导到鼓膜。耳中锤骨、砧骨及镫骨三块听小骨一起振动，放大声音，并将其传入充满粘性液体的内耳。

液体中的内毛细胞探测到振动，会将其转化为电信号。但是，由于外界声音通过羊水传递，胎儿听到的声音就像我们在水中听到的声音，与我们在空气中听到的声音不同。

电信号由内耳通过听觉神经传入大脑，最终到达位于大脑颞面的初级听觉皮层。只有当声音到达初级听觉皮层时，胎儿才能感知到声音。从4个月开始，胎儿就能听

到母亲听到的所有声音，尽管听觉频率范围比较有限。随着不断发育，胎儿能听到的频率范围也会扩大。

在出生后的几个月里，气味以液体形式在婴儿鼻黏膜内传递，这使得他们即使在水中也能闻到气味。

怀孕 4 周时，胎儿耳泡（即胚胎头部两侧的两个凸起）开始发育成耳朵。从这一刻开始，耳朵的内部结构开始发育。在第 10~20 周，内耳开始出现内外毛细胞，将耳朵和大脑连接起来。尽管听觉系统的髓鞘化要到出生后 2 年才结束，但在之后的孕期及出生后，胎儿能够检测到的声音范围（即频率）和音量（即振幅）都会增加。因此，胎儿在第 23 周听到音乐时，听到的声音不如即将出生前听到的多。

运动发育

有时胎儿会踢打子宫壁，这种行为被称作大运动，即大量肌肉同时运动。相比

之下，精细运动技能只需要手部和手臂上很少的肌肉进行小幅度运动。新生儿的精细运动技能远不如大运动技能发达，因为胎儿在子宫中用到大运动技能的频率比精细运动技能更高。然而，运动技能与感觉系统的工作原理不同，因为大多数运动活动是由大脑控制的，而其他感觉技能是对外部刺激做出的反射行为。

运动系统发育得比其他技能系统慢得多，这是因为运动活动尤其复杂。感觉系统把从外部世界获取的相关信息传输到大脑，而运动系统不仅接收有关外部世界的信息，还会使外部世界产生一些变化。这就是"反馈"系统：信息以最简单的方式双向流动。

运动和皮质区

大脑皮层中与运动活动相关的区域可分为三个部分：初级运动皮层、前运动皮层和补充运动区。初级运动皮层是一种表征躯体各个部位的条状组织，表征精细运动用到的肌肉群（如面部和嘴部）所在的皮质区更大，而表征简单动作用到的肌肉群（如躯干）所在的皮质区相对较小。初级运动皮层在第 8 周左右形成，但仍需多年"训练"来确定表征的身体部位。

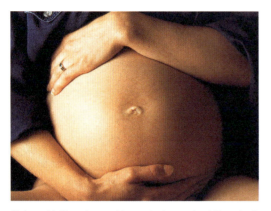

从怀孕的第 7 个月开始，孕妇每 12 小时能至少感受到 10 次胎动。

自主运动由初级运动皮层的特定区域发起，不同区域对应身体的不同部位。电刺激通过一条被称作皮质脊髓束的特殊通路到达脊髓，激活胎儿身体某个部位的运动神经元，从而发出动作。大脑向做出特定动作所需的肌肉释放电活动，肌肉受到"刺激"做出动作。这一复杂系统在胎儿时期尚未发育完全，出生后仍需发育很多年。

前运动皮层和补充运动区负责运动调控和其他复杂运动，同样都需要在出生后才能发育成熟。受孕后的第 8 周，我们就可以在胚胎大脑中识别到这两个区域。

大运动

我们通过本体感觉信息认识身体各部位之间的关系。胎儿的本体感觉信息由肌肉传回大脑，让胎儿几乎能够立刻确定身体某个部位的位置。

但胎儿无法有效处理本体感觉信息，这就导致他们对自己在子宫中的位置缺乏了解。因此，胎儿和新生儿无法进行精细运动，如无法握住物体。然而，他们能够进行大运动，如能够同时运动双臂和双腿。

与本体感觉系统不同，中枢神经系统中与运动活动相关的其他系统（如距离感知）都发育得十分成熟。

科学与胎儿

自 20 世纪 70 年代以来，医学发展得十分迅速，新技术也为我们理解胎儿正常发育的各个时期、方式及原因提供了极大帮助。

出于伦理考量及方法学限制，用于评估成年人脑血流动力学（血量运动）或电活动的技术通常不能用于研究胎儿大脑。例如，正电子发射断层成像技术通过向血液里注射放射性物质跟踪大脑区域葡萄糖的使用情况。这一技术无法用于胎儿，因为科学家尚不清楚放射性物质对胎儿发育的影响，并且此类研究对胎儿来说可能具有危险性。因此，科学家们选择使用其他成像技术，虽然这些技术提供不了那么多的信息，但相对安全。

超声波

最常用的非入侵性产检方式就是超声波。正如这一名称所示，超声波运用高频声波进行检查。声音产生的波在子宫内传播时，遇到密度不同的部位会被不同程度地吸收，并以不同的频率反射回传感器。这样一来，我们就能够轻松重建胎儿及其周围环境，精准测量胎儿的生长状况和其他重要指标，如胎盘的位置、孕妇的血液从哪里流向胎儿等。超声波被用于一系列产检项目，帮助我们确定胎儿是否发育正常。

其中一个项目是检查脊柱裂。严重脊柱裂患者无法控制肌肉活动，也几乎无法控制自己的身体。如果在前4周胎儿的神经

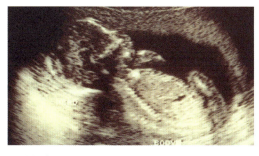

通过超声图像，放射科医生能够确定胎儿的大小、性别、识别心脏的4个腔室、大脑结构和其他可见的器官。

管未能完全形成，就会出现这种情况。超声波可以检查是否有羊水流入脊髓和小脑，如果有，那么暴露在羊水中正在发育的中枢神经系统就会出现缺口。这些区域会慢慢被腐蚀或被"冲走"，而一部分脊髓会在脊柱外发育，形成一个或一系列囊肿。如果超声波检查中发现小脑似乎发育不完整，就可以推测是脊柱裂。

功能性磁共振成像

功能性磁共振成像（functional magnetic resonance imaging，fMRI）用于许多前沿的成年人的大脑研究。功能性磁共振成像在胎儿和婴儿身上的应用目前还处于早期阶段，这主要有两个原因：一是伦理原因，二是现实原因。功能性磁共振成像要求检查对象处于一个强磁场中，科学家们尚不明确强磁场对胎儿的正常发育会产生什么影响。因此，为了避免伤害胎儿，在明确这些影响（如果有的话）之前，必须极其谨慎。

第二个问题是，功能性磁共振成像要求测试对象静止不动，否则图像会模糊。显然，我们无法要求婴儿或未出生的胎儿保持不动。

早期功能性磁共振成像研究

案例研究

英国诺丁汉大学的彭妮·高兰博士（Dr. Penny Gowland）是功能性磁共振成像领域的先驱之一，主要研究胎儿的认知过程。为了避免伦理问题，彭妮大幅降低了磁场磁性，并决定观察孕38周的胎儿。之所以选择研究这一阶段的胎儿发育情况，是因为到那时，胎儿的头部已经进入子宫颈准备分娩，相对静止。彭妮给胎儿播放原声吉他音乐，发现胎儿大脑颞叶对声音的反应与成年人完全相同。接着，她又用强光照射母亲腹部，但在大脑枕骨区域没有发现任何活动（成年人大脑的枕骨区域与视觉刺激相关）。然而，在胎儿额叶区确实能看到一些活动，在新生儿额叶中同样能看到这些活动。这表明，在孕38周时，胎儿已经具备了新生儿生活所需要的许多认知功能。

出生的影响

临近出生时，胎儿大脑中荷尔蒙的变化会引起胎盘的变化，正是这些变化触发了生产。我们对生产过程中胎儿发生了什么知之甚少，但我们知道，对于羊来说，激素皮质醇能够帮助器官在母体外独立存活。羊宝宝在出生前3周就会分泌皮质醇，从大脑开始，再传递到胎盘。在胎盘里，皮质醇会与母亲的血液混合，引起子宫轻微收缩。虽然科学家们还不确定人类胎儿的大脑是否会触发生产，但可能性很大，因为其他哺乳动物也会经历同样的过程，如狗和猫。皮质醇可能对胎儿出生后自主呼吸也很重要，还可能与胎儿肺部变化相关。

当我们感到压力或恐惧时，会分泌肾上腺素和其他化学物质，这就是所谓的"战斗或逃跑"反应。在生产时，胎儿体内这些化学物质的含量会增加到20倍，来调节胎儿的心率和氧气的吸收。

> 我们来到这个世界上时，带着各种各样的心理技能，以及能够满足早期生活中关键需求的特殊能力。
>
> ——丽丝·艾略特博士

因为宫缩时，胎盘中的氧气传输被打断，降低心率能够保护胎儿大脑不因缺氧而受损。这些化学物质在胎儿血液中的含量在出生2小时内都不会减少，这对胎儿很多方面都有帮助。

　　顺产的婴儿比剖腹产（划开子宫壁将胎儿从子宫中取出）的婴儿在出生后更有可能立刻开始呼吸。此外，顺产的婴儿血液含氧量有可能会更高，因为肾上腺素高有助于肺部的分子吸收氧气。顺产还能加快新陈代谢速度，帮助婴儿保持体温。因此，许多产科医生都建议产妇在剖腹产之前先尝试顺产。

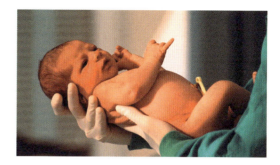

婴儿似乎在顺利分娩中发挥着一定作用。分娩过程中释放的化学物质帮助他们离开子宫后能够独立呼吸。

要点

- 25 天：神经管形成。认知能力开始发育。
- 5 周：体感系统发育。
- 8～9 周（2 个月）：初级运动皮层形成——这意味着胎儿可以活动头部和四肢。
- 12～13 周（3 个月）：运动技能发育，胎儿可以吮吸拇指。
- 17～18 周（4 个月）：胎儿的运动表明前庭系统开始工作。眼皮分开。每天有数千万突触连接至视觉通路。味蕾与大脑皮层相连，激活味觉系统。听觉系统使胎儿能够听到声音。
- 5 个月：前庭系统发育完全。脑干功能足以支撑胎儿宫外呼吸。习惯化出现，表明胎儿有记忆能力。
- 6 个月：胎儿每小时至少喝一次羊水。
- 7 个月：鼻子发育完全，嗅觉系统能够正常工作。颞平面发育，表明胎儿有语言识别能力。
- 8 个月：感觉神经髓鞘增多，所有感官信息处理量增加。
- 9 个月：除本体感觉能力外，体感系统发育到高级阶段。其他感官仍在发育，但已经能够应对出生后的生活。

第二章　婴儿认知

成年人认为他们的许多思维过程是理所当然的。使用电话或在计算机上玩游戏看似简单，其实不然。大多数现在看起来像第二天性的东西都需要刻意学习。我们什么时候才能获得这种储存知识的能力？婴儿如何掌握有效识别外部刺激（如周围的景象、声音、味道、感觉和气味）的方法？他们如何学会说话和走路？这些问题都将在本章得到解答。

从出生的那一刻起，婴儿似乎就能够识别外部刺激，甚至能够进行区分，问题在于如何在年龄尚小的婴儿身上测试这种认知（心理）能力。如果问成年人问题，他们可以说出或写下答案，但婴儿却不行。科学家们设计了巧妙的方法来克服这一困难，得出了一些极具启发性的结论。

现在，人们普遍认为，婴儿生来就掌

要点

- 对婴儿认知的研究（即婴儿学习、理解什么，以及婴儿是如何学习、理解的）帮助我们了解成年人如何思考、如何与其他人或物互动。
- 发展心理学家分析、测试婴儿的行为和生理反应，以了解婴儿的心理活动。
- 概念是思想和外界事物的心理表征。
- 概念被分为不同类别，每一类里又有不同等级。
- 婴儿语言发展研究中的一个争论焦点是：儿童的语言能力是天生的还

是后天习得的。B. F. 斯金纳 (B. F. Skinner) 称，儿童只有通过学习才能习得语言，而诺姆·乔姆斯基（Noam Chomsky）认为，儿童天生具有语言习得机制（Language Acquisition Device）。
- 建构主义心理学家认为，人出生时完全或几乎没有先天倾向，只有一般学习机制。
- 先天论心理学家认为，人生来不仅有各种先天倾向，还拥有具有明显优势或劣势的学习机制。

握一些学习机制。出生后，婴儿会经历不同的发育阶段。一开始，他们能够对外部刺激做出反射性反应，接着通过模仿别人来学习，并开始形成概念，最后形成语言。

反射

人们曾认为，新生儿（从出生到4周左右的孩子）就像白纸一样，上面什么也没有。然而现代研究表明，新生儿其实从离开子宫、开始生命时就拥有一些技能，甚至还在子宫里时就有了一些认知能力（学习的能力）。发展心理学领域的进步，也让我们更加了解人从生命伊始是如何学习的。

新生儿与周围世界的互动非常简单。其中，反射（reflex）就是最早期的一种行为。反射是对外部刺激的自主反应，既有助于身体发育，也有助于认知加工（获取知识）。

婴儿天生就有很多反射行为。有些反射（如呼吸反射）会伴随他们一生，而其他反射则会在出生后的头几个月随着大脑皮层（大脑负责智力的外部结构）的发育而消失。莫洛反射（Moro reflex）就属于第二类，也被称为拥抱反射或惊吓反射。如果婴儿突然听到巨响或意外失去支撑，便会做出拥抱动作，这样他们就可以伸手抓住父母。这对新生儿的生存十分关键，但之后这一行为变得多余，因此就消失了。

案例研究

踏步练习

研究表明，踏步反射作为一种原始反射与运动发育有关。1993年，哈佛大学的菲利普·泽拉佐（Philip Zelazo）和波士顿大学的几个同事发布报告称，在出生后头几个月接受过踏步练习的婴儿比没有做过练习的婴儿更早学会走路。反射在学习中的作用具有争议，但可以明确的是，反射往往是衡量大脑发育是否正常的可靠指标。

菲利普·泽拉佐认为踏步反射有助于婴儿坐和走。

> 每一代人都会再发现、再评估婴儿期和儿童期的意义。
>
> ——A. 格塞尔和 F. L. 伊尔格
>
> （A.Gesell and F. L. Ilg）

一些反射预示并奠定了运动发展（有意识地运用四肢的能力）的基础。如果让婴儿保持直立，光着脚自由接触物体表面，他们会做出像走路一样的踏步动作。这一反射在婴儿出生后 2 个月左右也会消失，但负责这一反射的神经机制与之后学习走路所用到的神经机制是一样的。

图中的婴儿 3 个月大，妈妈凑过来和他玩，他就会笑。婴儿通过模仿周围的成年人来学习微笑等面部表情。有证据表明，婴儿在 6 周左右就能够自发记住并重复这些表情。

模仿

人一出生就具备收集和保留信息的一般机制。这种学习机制中最重要的就是模仿能力。让·皮亚杰（Jean Piaget）在《儿童期的游戏、梦和模仿》（*Play, Dreams, and Imitation in Childhood*）一书中称，模仿能力在出生后的头 2 年慢慢形成。但在 20 世纪 70 年代，安德鲁·梅尔佐夫（Andrew Meltzoff）表示，即使是非常小的婴儿也能模仿一些面部表情，并且有可能再现快乐和悲伤等相当复杂的表情。1990 年，梅尔佐夫发表了进一步的研究成果，指出 2 天大的婴儿会模仿成年人做头部运动。等到婴儿 2 周大时，大人伸舌头，他们也会伸舌头。婴儿通过模仿别人来学习新的行为和动作。

2 周大的婴儿会模仿，这已经足够有意思了；但更重要的是，大约再过 1 个月，如果他们看到引起该反应的原始动作，会在某个时刻再次做出该反应。这就是所谓的延迟模仿。皮亚杰认为，婴儿到 18 个月左右才会进行延迟模仿，到童年期才会发展出心理表征。

但这一理论在 1994 年被梅尔佐夫和 M. 基思·穆尔（M.Keith Moore）推翻。他们进行了一项实验，成年人对着 6 周大的婴儿伸舌头或张嘴、闭嘴。所有婴儿都会时不时地伸舌头或张嘴、闭嘴，但见过成年人做这些行为的婴儿在之后的 24 小时里会无意识地重复这些动作，并且频率比其他婴儿高得多。在相关的测试中，那些只看到大人伸舌头而没有张嘴、闭嘴的婴儿比其他婴儿伸舌头的次数更多。只看到大人张嘴、闭嘴的婴儿会模仿张嘴、闭嘴，但不会伸舌头。

> 对小孩子来说，玩和学没什么区别……孩子在生活中学习，生活中任何愉快的时光都算玩耍。
>
> ——佩妮洛普·利奇（Penelope Leach）

要做出延迟模仿，婴儿必须具有某种心理表征，即可以随时获取存储在记忆里的图像或想法。心理表征的发展意味着婴儿能够仅凭思考想起某些动作或物体，并做出行为。

9 个月大的婴儿能模仿更复杂的行为，如按压玩具上的按钮发出声音。如果 14 个月大的婴儿看见某些动作，他们在 4 年后，甚至在更久之后都能记住并且模仿该动作。

回应刺激

新生儿不会说话或写字，但从出生起就能控制眼球的运动，研究人员就利用这种行为来测试婴儿的认知能力。此外，婴儿还会有相应的生理反应，如我们能观测到婴儿看到移动物体时大脑的活动量。如果一个简单的图案（如一张脸）缓慢地从婴儿视线中间移向旁边，他们的眼神就会跟着移动。这种反应被称作追踪。研究人员可以通过观察婴儿对不同刺激做出的追

婴儿 9 个月大时就能模仿复杂的手部动作，如按压玩具上的按钮。孩子通过模仿大人，学会了选择能发出动人声音的按钮。

踪反应（眼睛移动的方式）的不同来记录他们视觉敏感度的变化。

尽管这项技术证明了即使是刚出生的婴儿也有视力，但却不能说明他们是否真正理解所看到的事物。习惯化研究通过反复给婴儿展示相同的刺激确定了这一点。起初，婴儿对物体感兴趣，会盯着看；但当他们熟悉了刺激物后，反应就越来越少。直到最后，当他们不再花那么长的时间盯着物体看时，就可以说他们已经"习惯化"了。

一旦婴儿习惯了某种刺激，研究人员就会给他们展示一个新的刺激，评估他们对新旧两种刺激的反应。例如，年幼的婴儿听到巨响会产生莫洛反射，但在多次听到相同的声音后，就不再做出反射反应了。在听到新的声音时，莫洛反射又重新出现。这证实了婴儿懂得如何区分熟悉和不熟悉的事物。

然而，习惯化方法存在各种局限。婴儿反应慢，容易疲劳，每次实验可能都要花上一个小时。测试婴儿认知内容最常用的方法就是强迫优先注视法（forced-choice preferential looking procedure），原理是婴儿倾向于更多地看向他们觉得"有趣的"东西，而不是那些没有引起他们注意的东西。

强迫优先注视法分为两个部分。在第一部分（试验阶段）中，实验者将在固定时间（如 20 秒）内向婴儿展示几种刺激（如不同的女性面孔），直到他们对此完全熟悉。在第二部分（测试阶段）中，实验者会给婴儿展示两种新刺激：一种是他们已经熟悉的刺激（如不同的女性面孔），另一种是全新的类别（如一张男性面孔）。实验者会记录婴儿盯着新刺激的时间是否比盯着旧刺激的时间长。如果婴儿表现出对男性面孔这一新刺激的偏好，就意味着他们已经建立起对女性面孔这一刺激的表征，不再需要盯着类似的刺激。

在婴儿认知研究中，另一个常用方法就是事件相关电位技术（event-related potential technique）。该技术将电极放置在头皮的不同部位，测量婴儿大脑对各种刺激的反应。

我们可以把概念定义为一种分类方式，以便于人们再次看到某物时能够回忆起来并进行辨认。概念是某种事物的心理意象，既可以是具体意象（如动物），也可以是抽象意象（如幸福）。我们可以在互不相同但又相互联系的事件、物体、情境之间建立概念。例如，如果我们有丹尼尔、卡莉、苏珊三个人的概念，同时又有丹尼尔是卡莉的父亲、苏珊是卡莉的妹妹的概念，我们就有可能想到丹尼尔是苏珊的父亲。

我们对世界的认知分为不同的概念，代表各类物体或想法。换句话说，概念把世界划分为不同类别，如"朋友"或"家庭"，"动物"或"鱼"。为了理解"烤箱会燃烧"，我们脑海中必须有两幅画面：一幅是烤箱，另一幅是燃烧的样子。这与我们是否见过烤箱或被烧伤过无关。

因此，概念是类别的心理意象。人们

能够也必须把对世界上大量物体和信息的认知划分为一定数量的类别。这样做的好

图为一个婴儿在看妈妈的脸。婴儿从出生起就可以控制眼球的运动。心理学家可以通过测试婴儿的追踪能力，即用眼睛追踪移动对象（如人脸）的能力来检验他们的识别能力。

案例研究

认识猫狗

婴儿如何形成概念？这能测出来吗？1997年，珍妮·斯潘塞（Janine Spencer）和英国伦敦大学学院（University College London）的同事们研究了4个月大的婴儿的能力。刺激物是36张印着猫和狗的彩色图片。研究人员把图片放在婴儿视野的左右两端，通过观察他们的眼睛是否从一个刺激物移到另一个刺激物来衡量他们的反应。之前的研究表明婴儿能够区分猫和狗，但在这次的实验中，研究人员想要找出婴儿在分辨猫狗时使用的视觉信息。

首先，研究人员向婴儿展示了6对猫或狗的照片，让他们熟悉其中一种动物。接着，在偏好测试试验中，研究人员向婴儿展示了6组猫狗拼接照片，这些猫和狗与他们之前看过的都不同——一些是猫头配上狗身体，另一些是狗头配上猫身体。这背后的逻辑是，在实验的熟悉阶段，婴儿应该会形成典型的猫或狗的概念。当他们看到之前从未见过的猫或狗时，会将其当作另一只猫或狗，而不是一个全新的物体。

研究人员通过对比婴儿看拼接（头部和身体错位）照片的时间，发现他们盯着陌生头部的照片比盯着熟悉头部加陌生身体的照片时间长。偏好结果表明，婴儿分辨猫狗等物种所需的关键信息来自头部和面部，而不是身体其他部位。

处是减少了人们必须记住的信息量，同时也使我们能够将新的刺激物划分到已经熟悉的类别里。例如，如果我们有"花"的概念，就能在遇到一种新的玫瑰品种时认出这是花，即使之前从未见过这种花。如果没有概念，那么我们每次遇到新事物都必须形成一个新的心理表征，并用一个新词来描述它。

概念的另一个功能是让我们从超越事物本身的层面看问题。当我们第一次看见某只狗时，对它唯一的了解是外貌，但我们可以利用之前关于"狗"的概念了解到外貌之外的信息。例如，狗摇尾巴常被看作友好的象征。但如果关于"狗"的概念告诉我们，有时摇尾巴的狗很凶猛，甚至可能很危险，那么即使看到狗在摇尾巴，我们也会把这种友好的信号与狗发狂的可能性联系起来。

概念的发展

自 20 世纪 80 年代末以来，心理学家就一直对概念的形成与发展尤为感兴趣。有人认为，思想依赖于能够把世界上的事物分类的思维系统。例如，当孩子学习读写时，他们必须已经对所读文字的含义有了概念。研究的主要领域集中在婴儿学习哪些类别，以及他们是如何学习这些类别的。

> 有些"信息"或"程序"是与生俱来的，例如，孩子们不需要学习如何吮吸。
>
> ——克莱维利和菲利普斯
> （Cleverley and Philips）

人们会把各类物体分为不同等级。1975 年，加利福尼亚大学（University of California）伯克利分校的埃莉诺·罗施（Eleanor Rosch）对这些等级结构进行了研究。研究发现，人们倾向于从个别实例（如"我的狗"）形成更为抽象的概念（如"狗"）。我们能够形成"狗"的心理意象，尽管这一意象高度概括，忽略了个体（如吉娃娃和圣伯纳犬）之间巨大的生理差异。然而，我们无法为极为庞大的群体建立统一的意象。大家可能知道狗是哺乳动物，但是不存在一个通用形象能涵盖从蝙蝠到海豚等所有哺乳动物，因为这一类别过于庞杂，无法作为单一实体保存在脑海中。因此，基本认识的形成依赖于同一类别事物的相似程度，也就是所谓的感知相似性。罗施及其同事们认为，基本认识具有最重要的心理意义。

孩子们第一次学习指代事物时会使用基本术语。事实上，研究表明，3 ~ 4 个月甚至更小的婴儿就能够通过观察物体的外观进行基本分类。

　　婴儿是如何学会划分从未见过并且没有任何感官信息的物体的呢？这始终是心理学家们争论的问题。很多心理学家声称，所有认知分类都基于视觉感知。但在 20 世纪 90 年代早期，加利福尼亚大学圣迭戈分校的琼·曼德勒（Jean Mandler）认为，知觉分类和概念分类基本上是相互独立的。

　　她提出，如果物体外观是发展概念分类的基础，那么婴儿应该能够区分看起来不同的物体。然而实验表明，尽管 9 个月大的婴儿能够区分一些宽泛的范畴（例如，他们能够明确区分鸟和飞机），却不一定能够区分一些基本类别，如狗和兔子。曼德勒的结论是，婴儿并不靠视觉相似性区分类别，这说明概念知识与知觉知识在性质上是不同的。

　　1996 年，布朗大学（Brown University）的保罗·奎因（Paul Quinn）和彼得·伊马斯（Peter Eimas）将这些对立的观点整合，提出婴儿运用视觉和概念信息划分类别的观点。在生命早期，婴儿通过视觉获得大部分外界信息，因此大多数类别是基于视觉相似性形成的。随着婴儿的成长，他们对世界上的事物了解得越多，就会越频繁地利用概念信息划分类别。

图中的孩子指一朵花给妈妈看。婴儿在 3~4 个月大时形成概念，对物体进行分类。12 个月大的婴儿只能说几个单词，但在接下来的几年里，他会形成丰富的语言储备。

语言

　　学习说话对儿童形成概念、发展识别物体种类的能力十分重要。一旦孩子们发展出语言技能，他们就能够用语言来定义和分类他们所看到的东西。思维和语言发展之间有着复杂的关系。

　　当我们使用语言时，似乎一切都很简单。如果 "handbag" 说快了，听起来常常很像 "hambag"。根据史蒂芬·平克（Steven Pinker）等认知心理学家的说法，语言使用能力将逐步发展，其目的是传达意义：我们说的是 "hambag" 还是 "handbag" 并不重要，只要交谈对象能理解就行。

许多科学家认为，人类的进化比其他物种更成功，这是因为语言能力起到了重要作用。我们一出生（也有可能在出生之前）就获得了语言，几天后就能辨别出在子宫里听到的语言和其他语言。例如，如果母亲怀孕时一直讲日语，刚出生的婴儿就会对日语表现出更多偏好。如果婴儿出生前还听到了另一种语言，如意大利语，那么他就会对两种语言都表现出偏好。

进化已经使人天生具有语言的基本计算单元，我们不需要用先天的脑回路取代所有习得的信息。

——史蒂芬·平克

7～10个月大的婴儿开始咿呀学语，发出"吧吧吧"或"哒哒哒"的声音。这些并不是随机发出的噪声，而是语素（morpheme）。语素是语言的最小单位，所有词都由语素组成，一个语素的变化会引起整个单词含义的变化。例如，语素"s"和"k"本身并没有意义，但会让"sit"（坐）变成"kit"（套件）。

12个月大的婴儿能用所有的语素发出声音，这一点十分重要，说明正常的婴儿能够学习他们接触到的任何语言。如果英

国的婴儿被带到印度，大部分时间听到的是印地语，那么他们最终能流利地讲印地语，和生活在英国的孩子讲英语一样流利。婴儿快满1岁时，通常已经会说几个单词，如"妈妈""爸爸"等。

在刚出生的几年里，孩子们学习的单词数量猛增。到了6岁，他们能掌握6 000～9 000个单词。事实上，只有在出生后头几年孩子才能够在如此短的时间内学习这么多单词。对于1岁前没有接触过人类的孩子来说，语言学习可能会严重滞后：他们能够学习一些单词，但难以掌握语言结构。

单词和含义

知道几个单词怎么说并不等于会用语言交流。使用语言需要理解每个单词的含义和多个单词之间的关系。婴儿是如何学会说话并理解他们接触到的语言的呢？当婴儿指着一个物体说"蕉"，也就是"香蕉"，他们如何知道用来指代那个物体的单词是正确的呢？他们怎么知道"香蕉"这个单词指的就是真正的水果呢？研究人员提出了许多不同的理论来解释婴儿学习单词含义的方式。

20世纪80年代初，杰罗姆·S.布鲁纳

（Jerome S. Bruner）提出，父母与婴儿说话时，会让婴儿看着他们所指的物体。但这不一定总是有效，父母讲话时婴儿有可能在看别的东西。例如，如果母亲指着一碗混合水果说"香蕉"，婴儿怎么能知道她说的是哪一个呢？研究人员发现，如果读出某个单词和出现对应物体之间存在时间差，婴儿更有可能学会这个单词。但即使婴儿能把单词和对应的物体联系起来，问题仍然存在：他们接下来是如何理解单词的含义的呢？

如果一个美国小孩一出生就被带去印度生活，他自然就会说着印地语长大，印地语会成为他的第一语言，但他的母语仍然是英语。一些研究表明，经历过移民的孩子会更偏向于父母所说的语言，即使是在很小的时候移民。

制约

1988 年，埃伦·马克曼（Ellen Markman）

和格文·瓦赫特尔（Gwyn Wachtel）提出，婴儿在学习单词含义时会遇到一些先天的制约条件，他们在听到新单词时会本能地做出某些预设。

第一种制约条件是整体预设。如果婴儿听到一个新单词指代了某个物体，他们会预设这个单词指代的是整个物体，而不是这个物体的某个或某几个部分，又或是制成物体的材料。例如，如果有人说"尾巴"并且指着一只狗，婴儿会认为这个人说的是整条小狗，而不仅仅是它摇晃的尾巴。

另一种制约条件是分类预设，即与分类有关。例如，婴儿可能会认为"猫"和"狗"属于同一类，因为他们都是动物，但他们难以在"门"和"钥匙"之间建立关联，虽然两者经常联系在一起，但视觉上没有明显的相似性。婴儿认为标签指的是同一类别的物体，而不是经常一起使用但类别不同的物体。

> 随着孩子们不断地学习单词，尚未学过的单词的含义会受到限制，从而帮助孩子们理解它们的含义。
>
> ——埃伦·马克曼

最重要的制约条件之一就是互斥预设，

婴儿无法给同一个物体贴上多个标签。像"狗"和"宠物"这样成对的单词无法同时存在于他们的大脑中。互斥预设制约容易出现在 18 个月左右的婴儿身上，却无法说明为何孩子到 4 岁时就学会了区分指代物体某些部分的单词（如尾巴）和整个物体的单词（如狗）。

马克曼和瓦赫特尔对婴儿如何学习新单词的研究表明，婴儿假设任何描述一个物体的新单词都指向整个物体。他们不认识用来描述同一个物体的两个词；例如，他们可能知道"公共汽车"这个词，但不能理解这个物体也可以被描述为"车辆"。当他们听到一个新词来描述一个他们已经熟悉的物体时，他们会认为这个新词指的是这个物体的一部分。

一些心理学家认为，可能根本没有先天的制约条件，婴儿只是偏爱某些倾向性预设，其程度谈不上制约。根据这一观点，如果环境发生变化，婴儿会以不同的方式适应和学习新单词。由此可以得出结论，如果我们能够以不同的方式学习，就不存在以某种天生设定的方式行事。但这一点有待商榷。婴儿出生几个小时后就表现出了面孔追踪的倾向，那时他们对人类的相貌还没有任何了解。因此，显然存在一种先天程序，但可能其限制性不如一些心理学家最初认为的那么强烈。

先天还是后天

到目前为止，我们已经讨论了婴儿在出生后的第 1 年里所要经历的一些发展的重要阶段，包括他们如何开始形成认知。但仍然存在一个主要问题：认知发展在多大程度上是受先天或环境因素影响的？婴儿天生就有某些行为倾向吗？

在这一问题上，早期的语言发展研究存在分歧：一些人认为，语言是在一般学习过程中被偶然获得的；其他人则坚持认为这是先天倾向的结果。

毫无疑问，成年人的语言功能极其复杂，要想掌握成年人的语言，婴儿的思维必须达到成年人的复杂程度。学习一门语言需要在神经细胞之间建立新的连接，如果出生时神经元之间所有的连接都已形成，我们可能就无法学习任何新事物。人们普遍认为，大脑言语区的结构十分重要。如果结构过少，语言发展就会受限；如果结构过多，语言学习能力就会僵化，婴儿可能无法适应某种特定语言。

> 当所学的东西都忘掉之后，剩下的就是教育。
>
> ——B.F. 斯金纳

语言发展

近年来，一些实验提供了有力证据，证明孩子早早接触复杂的语言有助于语言技能的发展。1987 年，英国伦敦大学学院认知发展小组的里克·克罗默（Ric Cromer）想探究以多种方式使用语言是否会刺激语言的处理方式。为此，60 名智力正常且讲英语的孩子参与了一项实验。其中，7 岁的 17 人，8 岁的 33 人，9 岁的 10 人。研究人员向每个孩子展示如何用一只手操作小狼木偶，用另一手操作小鸭木偶。

他们要求孩子用狼咬鸭子，再用鸭子咬狼。研究人员使用 10 个不同的句子给孩子发布指令，其中 5 个指令是让一只动物去咬另一只动物，然后再反过来。以下是实验使用的句子：

1. 狼开心地咬了鸭子一口；
2. 鸭子迫不及待地咬了狼一口；
3. 狼轻松地咬了鸭子一口；
4. 鸭子兴奋地咬了狼一口；
5. 狼高兴地咬了鸭子一口；
6. 鸭子急迫地咬了狼一口；
7. 狼积极地咬了鸭子一口；
8. 鸭子艰难地咬了狼一口；
9. 狼愉快地咬了鸭子一口；
10. 鸭子开心地咬了狼一口。

实验要求孩子们听句子，并用木偶表演出来。每次孩子们都会被告知他们做的是对的，即使他们没做对。

同样的测试在第二天再次进行，之后每三个月进行一次测试，持续一年。里克·克罗默假设，听过一年这种句子结构的孩子将表现出和成年人相同的语言理解能力。他还相信，接受过测试的孩子会比其他同龄孩子表现出更强的语言理解能力。

一年里，孩子们每三个月都会接触一次这种语言结构，他们的语言知识会被重组。一年后，研究中 8 岁的孩子表现得像 11 岁的孩子。此外，9 岁的孩子里超过一半表现得像成年人（在这里，成年人被定义为阅读水平高于 14 岁儿童的一般水平的人）。这一结果支撑了克罗默的假设，接触这些句子结构增强了实验中的儿童的语言理解能力。

研究结果还表明，即使没有成年人的反馈，孩子语言系统的某些部分也能够得到发展。换句话说，让孩子接触复杂的句子可以鼓励他们专注于语法的某一方面，这对他们语言技能的发展十分重要，并且这一过程不需要成年人的监督或干预。

学术争论

20世纪50年代，两大学派就语言发展问题展开了激烈的辩论，其中一派以斯金纳为首，另一派以诺姆·乔姆斯基为首。在斯金纳看来，心理学的每一个焦点，无论是个性、语言还是其他话题，都可以仅用观察到的行为来解释。他认为，针对大脑过程或人类的内心想法、感受作出假设并非心理学的研究方法。在他看来，人的行为是对外部环境中的提示作出的反应，与环境的接触为学习提供了条件。换句话说，我们生来就具有学习能力，但学习内容全都取决于我们生活的环境。

斯金纳主要因其对动物行为研究的贡献而闻名。但在1957年，他在《言语行为》（*Verbal Behavior*）一书中试图对孩子如何学习语言给出一个合理的解释。具体来说，斯金纳对控制他所称的言语行为的各种变量产生了兴趣，并想要详细说明这些变量如何相互作用来决定特定的言语反应。他认为，决定变量完全可以用"刺激（stimulus）、强化（reinforcement）和剥夺（deprivation）"来描述。在他看来，语言的习得和其他学习形式一样是基于经验的。根据行为主义理论，我们学习语言的方式和学习其他行为的方式相同，都是通过斯金纳所说的"操作性条件反射"（operant conditioning）实现的。

起初，婴儿随意发出声音，周围的人通过表达赞许（如微笑、注视）及与他们交谈来强化那些类似成年人说话的声音，婴儿在鼓励下会重复这些受到强化的声音。婴儿会模仿他们听到的成年人发出的声音，成年人会鼓励他们再次发出这些声音。随着强化过程的继续，婴儿总结经验，从而学会如何发出有意义的声音。例如，婴儿经常发出咿呀声，听起来很像单词，如"吧吧吧"。当父母听到孩子发出这个声音时，就会称赞他们"是的，爸爸"，并指向孩子的父亲。

与斯金纳相反，诺姆·乔姆斯基在1957年出版的《句法结构》（*Syntactic Structures*）中称，尽管强化和模仿在一定程度上有助于语言发展，但并不能完全解释语言发展。首先，语言规则和单词意义上的细微差别多且复杂，无法仅仅通过强化和模仿完全习得。其次，行为主义无法解释孩子如何创造新词，如把扭伤的脚踝（sprained ankle）称为"sprankle"。

语言习得机制

世界各地的孩子开始学习语言的年龄似乎都差不多。即使没有得到足够的反馈来帮助他们学习语言规则，孩子们也能够学习语言。乔姆斯基认为，孩子们的大脑中先天拥有一套机制，并将其命名为语言习得机制。当孩子们积累了足够的单词量，能够造句并理解句子含义时，就会触发语言习得机制，帮助他们掌握完善的语言功能。不管孩子们听到什么语言，他们的语言习得机制中都有一套乔姆斯基所谓的普遍语法。因此，石蒙（Shimong）部落的孩子学习母语的难易程度和在其他地方出生的孩子学习母语的难易程度是一样的。

案例研究

年龄和语言学习

世界各地的孩子开始学习语言的年龄大致相同。1967 年，埃里克·勒纳伯格（Erik Lenneberg）提出语言学习存在关键期。当孩子进入青春期后，大脑的不同区域已经负责特定的功能。这意味着，如果孩子在青春期前没有学会一门语言，勒纳伯格认为他们永远也学不会。

为了测试是否存在语言学习敏感期，研究人员开始研究那些受过虐待、很少与人接触的孩子的语言技能。以一个来自加利福尼亚州洛杉矶的女孩吉妮（Genie）为例，她从 20 个月大开始就被父母锁在家里的房间里，一直到她接近 14 岁。父母不允许任何人和她讲话，如果她发出一点声响，就会惨遭殴打。

吉妮在情感和语言上都极度匮乏。

人们发现吉妮后，花了几年时间教她说话。她的理解能力和词汇水平都发展得很好，但对语法的掌握却无法达到正常水平。其他类似案例的研究结果似乎也证明，语言结构的学习存在关键期。

研究表明，语言学习存在关键期：如果孩子在青春期之前还没有学会说话和阅读，那么他们之后学会的可能性也很小。

洋泾浜语和克里奥尔语

在《语言与物种》（*Language and Species*）和《语言与人类行为》（*Language and Human Behavior*）两本书中，檀香山夏威夷大学（University of Hawaii）的语言学家德里克·比克顿（Derek Bickerton）指出，儿童将洋泾浜语转换成克里奥尔语，证明了儿童对特定语法具有先天倾向。根据定义，洋泾浜语指简化了的语言，克里奥尔语指任何由两种及两种以上其他语言成分组成的语言，用于其他语言使用者之间的交流，特别是贸易往来。克里奥尔语不是任何群体的母语。洋泾浜语缺乏语法结构，词序多变且随意，在许多语言中都没有补偿性屈折变化，即表示时态、数量、性别的单词变化及其他语法差异。例如，在英语中，"one man"（单数）会变成"two men"（复数）；我们说"I swim today（现在时）"，但要说"I swam last week（过去时）"。与此不同，洋泾浜语仅仅是简短的单词串。

使用洋泾浜语的孩子十分缺乏语法学习环境的熏陶，但令人惊讶的是，他们长大后竟然能把这些语言转化为复杂而通用的语言工具，即克里奥尔语。克里奥尔语往往起源于两个语言社区的广泛接触；两种语言相结合，构成了一个社区的母语。在一代人中（不一定是第一代），只听洋泾浜语长大的孩子会形成一种全新的语言，有自己的语法，而不受限于洋泾浜语。克里奥尔语的词汇来源于洋泾浜语，但语法规则是新的，因为洋泾浜语本身不存在这些规则。德里克·比克顿发现，尽管世界

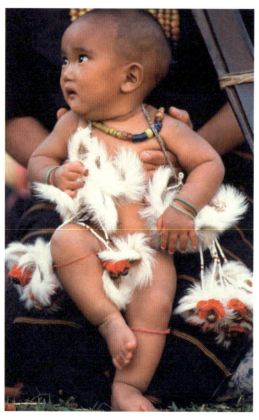

这个石蒙女孩学习母语的难易程度和在世界上其他任何地方出生的孩子学习他们的母语的难易程度是一样的，开始学习语言的时间似乎也差不多。

焦点

失聪人群的洋泾浜语和克里奥尔语

有关失聪儿童的研究进一步证明了语言学习具有先天倾向。1979 年以前，尼加拉瓜的失聪儿童从未接受过手语教学，他们只能读唇语。在操场玩耍的时候，这些孩子想出了一种平时在家里使用的临时符号系统，这种系统现在被称为尼加拉瓜手语（Lenguaje de Señas Nicaragüense，LSN，即尼加拉瓜手语的西班牙名称）。LSN 没有统一的语法，是一种混杂手语。4 岁或不到 4 岁的孩子入学后会接触到已经存在的 LSN，但他们长大后，会学习与其截然不同的成熟的手语系统（有统一的语法）。像真正的语言一样，这种新的克里奥尔语让孩子们在交流中表达得更自如。由于这种语言取得了重大发展，现在人们将其与 LSN 区分开来，命名为 ISN（Idioma de Señas Nicaragüense）。大致来说，ISN 是一种克里奥尔语，是由尼加拉瓜的失聪儿童基于对洋泾浜语 LSN 的认识自发创造出来的。

各地的克里奥尔语独立产生，语法却非常相似。这种快速的统一过程有力地说明了孩子的语言学习不仅是模仿和强化的结果。

模块化思维

多年以来，发展心理学家在儿童思维如何发展的问题上分为两大对立的思想流派。其中一派是以让·皮亚杰等人为代表的建构主义者，他们认为婴儿出生时几乎没有先天倾向，认知过程是在出生后"建构"而成的。另一派由诺姆·乔姆斯基等本土主义者构成，他们认为婴儿天生具备很多知识或有学习倾向。

然而，有些人认为，我们可能形成一种新的发展理论以涵盖这两种观点。事实上，将这两种矛盾观点相结合，也许是形

洋泾浜语和克里奥尔语在所罗门群岛中的马莱塔岛等地很常见，那里不只有一种语言。那里的孩子有的是红色头发，有的是金色头发，也是几代人种族融合的结果。

成连贯的人类认知理论的关键。1985年，美国哲学家杰瑞·福多（Jerry Fodor）声称，我们可以认为思维由两种不同类型的系统组成：输入系统和中枢系统。输入系统的任务是理解感官输入的信息，如通过眼睛或耳朵传入大脑的信息。一旦输入系统理解了接收到的信息，就可以将其传递给中枢系统。

福多认为，所有输入系统都是模块化的，也就是说它们各自工作，相互独立。如果其中一个系统损坏了，也不会影响其他系统。一个模块（如视觉模块）内部的处理过程在该模块处理完成之前不会被大脑其他部分知晓。他认为，我们生来就具备发展这些机制的结构，并且这些机制工作起来一定十分迅速且高度自觉。例如，当有人用我们熟悉的语言和我们交谈时，我们会不由自主地把听到的单词整合成句。根据福多的说法，这些输入系统经过进化已经能够处理周围环境中的相关信息。

先天模块

与输入系统相比，中枢系统的处理速度较慢，但是更为高级，能够从认知系统中的任何地方获取信息。福多理论的主要观点是婴儿先天具有这些模块。英国伦敦大学（University of London）的安妮特·卡米洛夫-史密斯（Annette Karmiloff-Smith）教授曾经师从皮亚杰，她对福多的理论进行了完善，用来解释儿童的认知发展。卡米洛夫-史密斯将具有特殊功能的先天模块和模块化（大脑仅由发育引起的专业化过程）区分开来，因此我们可以说婴儿生来就有一些先天倾向。然而，如果没有特殊的环境输入，这些倾向永远不会表现出来。环境不只是简单地触发了这些先天倾向的发展，实际上还影响了由此产生的大脑结构。根据卡米洛夫-史密斯的说法，模块化思维是认知发展的结果，并受认知发展影响。

> 因此，我们对语言能力（交谈双方具有的语言知识）和语言运用（具体情境下的语言使用）进行了基本的区分。
>
> ——诺姆·乔姆斯基

重述知识

卡米洛夫-史密斯理论的第二部分是表征重述。她认为，为了扩充知识，大脑可以利用已经存储在记忆中的所有（先天或后天获得的）信息来完善我们的心理表征。这种重组的知识会反过来促进新模块的出现，专门用于接收不同种类的感官信息。

然而，根据卡米洛夫 - 史密斯的观点，不同类型的知识发展并不同步，发展因人而异。例如，对一些孩子来说，数学知识的发展要慢于他们对语法规则的理解。

心理学家和其他学者观察到孩子在学习一类新知识时，更在意自己能否在任务中取得成功，即使他们没有意识到自己拥有完成任务所需的相关知识。例如，四五岁的孩子可以让重量均匀和不均匀的积木在一根狭窄的木棒上保持平衡。之后，他们就形成了自己关于如何能够完成任务的心理表征。在这个阶段，他们不关注任何外部刺激，而是对如何实现目标形成自己的理论。这种更深层次的思考的典型结果是，等他们到了六七岁时，只能平衡重量均匀的积木——他们显然退步了，失去了原来掌握的技能。到了最后一个阶段，他们逐渐成熟，再次注意到外部信息，但这一次他们尝试将这一信息与之前的理论相结合。因此，到了八九岁，他们又能平衡重量均匀和不均匀的积木了。通过这种方式，他们对特定领域的知识建立起了全新的、更为全面的表征。

在上述任务中，孩子们的行为呈 U 形曲线。尽管他们小时候能够解决一个看似困难的问题，但大约一年之后，他们却无法解决同样的问题。然而，再过一两年，他们又可以解决这个问题了。孩子们的行为开始很好，然后变差，最后又慢慢回到原始状态，这一过程看起来就像 U 形曲线。然而，内在思维的深层变化才是理解孩子认知发展的关键。这种修正内在思维的过程被称作表征变化——在积木测试中，关键变化就是孩子理解了平衡是什么。

动态过程

与福多不同，卡米洛夫 - 史密斯认为婴儿认知发展是一个动态过程。婴儿可能天生就有学习的倾向，但根据卡米洛夫 - 史密斯的说法，学习倾向在习得不同领域知识（如认识物体、将物体分类、用语言交流）的过程中只占很小一部分。从出生起，婴儿就展现出了一系列认知能力，如模仿动作、识别脸型、识别声音等。起初，这些能力互不相关，但慢慢地，不同领域的知识开始协同工作。教育和游戏在受到婴儿所处文化的影响后，会决定不同领域相互作用的方式。

未来研究

认知心理学家面临的重要任务就是确

定婴儿能感知什么，以及他们的认知是如何发展的。目前，心理学家之间存在一个争论焦点，勒妮·巴亚尔容（Renée Baillargeon）和伊丽莎白·斯佩尔克（Elizabeth Spelke）等人认为婴儿在很小的时候就形成

了概念、推理等认知能力，而理查德·博赫兹（Richard Bogartz）等人则认为儿童长大后才会形成这些能力。例如，认知心理学家不认为未满 12 个月的婴儿对概念有明确的认识，他们认为儿童缺乏某些认知能力。这一观点遭到了一些评论家的反驳，他们认为目前所用的研究方法不够灵敏，无法衡量儿童的认知系统。

> 在发展的不同时刻，儿童会在关注数据和关注理论之间变换。
> ——安妮特·卡米洛夫－史密斯

婴儿在出生的头几年里快速学习大量知识，比之后任何时期学得都要快。虽然认知发展过程还没有被完全绘制出来，但我们可以清楚地看到，通过不断研究婴儿的行为方式，不断改进研究方法，认知心理学家能够越来越多地了解人类思维的特别之处。

一个小女孩在和父亲玩积木。4 岁左右的孩子能够平衡重量均匀和不均匀的积木。几年后，他们似乎退步了，只能平衡重量均匀的积木。在最后一个阶段，他们又能够再次平衡重量均匀和不均匀的积木，因为这时他们的思维水平已经足以从根本上解决这个问题了。

第三章　知觉发育

知觉能力随着人的发展和经验的累积而变化。

——D. J. 凯尔曼和 M. E. 阿特伯里（D. J. Kellman and M. E. Arterberry）

知觉是连接内部思维与外部世界的桥梁。通过知觉感官信息，我们形成了有关世界如何运作的看法和观点。这看起来似乎很容易，但实际上需要经过大量复杂的生物过程才能实现，其中有许多过程尚未被完全理解，人们正在开展进一步的研究。

心理学家区分了感觉和知觉。感觉是指由 5 种主要感官（听觉、视觉、嗅觉、味觉和触觉）及其他感官所获取的身体信息。这些感觉信息被传输至大脑并被解释，最终形成知觉。感觉能力是与生俱来的。我们都知道婴儿的感觉器官（耳朵、眼睛、鼻子、舌头和皮肤）从出生起就能正常工作。然而，人们对婴儿感知物体和事件的能力却知之甚少。1890 年，威廉·詹姆斯（William James）提出，婴儿的感官世界充满了"嗡嗡作响的困惑"。发育中的婴儿只有通过不断累积经验才能学会区分不同感官传来的信息。知觉需要后天习得，至少在某种程度上如此。

心理学家对研究婴儿知觉发展很感兴趣，但测试婴儿并不容易。因为婴儿在出生后的头几个月，大部分时间都在吃和睡。他们不会说话，不能听从口头指令，也不能指出物体。我们不知道婴儿在想什么，只能猜测他们的情绪和感受，通过观察他们的行为推断他们的知觉。

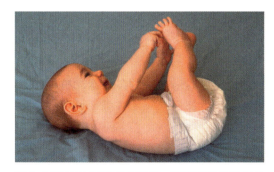

婴儿大部分时间都在吃和睡，意识清醒的时间很少，几乎没有知觉能力。我们也很难证实婴儿明确掌握的能力，因为他们没有办法告知我们。

视知觉

婴儿学习知觉的时间和方式是什么？

随着婴儿不断长大，我们会假定他们能够像成年人一样理解口头指示，仅仅因为他们能够开口讲话。但情况并非总是如此。婴儿的说话能力往往在他们理解话语之前就发展起来了：在完全理解大人说的话之前，婴儿就会模仿大人说话时发出的声音。因此，研究人员不得不设计一系列新的巧妙办法来研究婴儿的知觉能力是如何发展的。

> 注意力究竟是如何区分由大量紧密交织的神经元所表征的物体的，这一点有待进一步地研究。
>
> ——约亨·布劳恩（Jochen Braun）

许多测试婴儿视知觉发展的仪器都依赖于观察婴儿的眼球运动。成年人在阅读或看东西时，眼睛会从一处快速地移到另一处。例如，在阅读某个句子时，你的眼睛会做出许多快速、跳跃的运动，但你感觉到的却是眼睛从一个单词平稳地看向下一个单词。这种快速的眼球运动被称作眼跳。大约从出生后1个月起，婴儿就能像成年人一样进行眼跳运动。许多证据表明，未满1个月的婴儿通常无法移动眼球看向正确的目标，但最近有研究人员提出，即使是新生儿也能短暂地进行眼跳运动。婴儿视力研究最常用的两种技术就是测试外显行为的优先注视法和习惯化技术。

优先注视法

在经典优先注视视力测试中，两种刺激会同时呈现在婴儿面前。研究人员将两个物体分别放置在婴儿前方两侧（一个在鼻子左边，一个在鼻子右边），与视线齐平，然后通过录像或窥视孔观察并计算婴儿注视每个物体的时间。如果婴儿看向其中一个物体的时间更长，那么就可以推断他有可能在区分这两个刺激物。

另一种优先注视视力测试可以确定婴儿能否感知轮廓错觉（假想形状）。在44页的方框中，阴影部分的圆形成了一个本不存在的球形，但我们很难知道婴儿能否看出这个球形。然而，研究人员开发出了另一种测试，这一测试需要婴儿在屏幕前，屏幕上有两条线，如果这两条线以不同的速度移动，就会给人一种错觉：其中一条线存在边缘，而另一条没有。2个月大的婴儿展示出了感知轮廓错觉的能力。

习惯化技术

婴儿会盯着不熟悉的物体和人看，等到他们熟悉了，就会丧失兴趣，看向别处。婴儿哭的时候，我们可以试着拿一个颜色鲜艳的玩具放在他面前。通常新事物的出现会让婴儿停止哭泣，他会盯着物体，忘记自己为什么哭泣。然而，过了一会儿之后，婴儿可能习惯看这个物体了，就会想起来自己刚才不开心，又哭起来。这种先盯着物体或人看一段时间，习惯之后又丧失兴趣的过程就叫作习惯化。

　　对习惯化的研究为知觉过程的发展提供了大量信息。例如，向婴儿反复展示刺激 A，每次持续一段固定的时间。一旦"习惯化"了，婴儿对该刺激便不再产生兴趣，这时再向他们展示刺激 B。

　　如果婴儿看到刺激 B 重新产生了兴趣，就表明婴儿可以区分这两种刺激。此类实验多用于衡量视觉注意力的发展水平及婴儿区分相似刺激的能力。

把一个颜色鲜艳的玩具（如这只小黄鸭）放在哭泣的婴儿面前往往能够让他停止哭泣，但过了一会儿，等他对玩具失去了兴趣，又会接着哭。研究人员对这一过程（即习惯化）展开了研究，以揭示幼儿知觉的发展过程。

要点

- 有关知觉的一个关键问题是我们的知觉能力是天生的还是后天习得的。一些研究表明，知觉能力是后天习得的。
- 优先注视法能够测试婴儿区分物体的能力。
- 习惯化技术能够确定婴儿能否区分新刺激和旧刺激。
- 视力测试能够评估婴儿能否看到物体的细节。
- 视觉悬崖测试能够评估婴儿能否感知深度或世界是三维的。
- 在视力发育的关键年龄，缺乏视觉刺激可能会导致永久性损伤。

视觉诱发电位

　　优先注视法和习惯化技术通过观察婴儿的显性行为来测量知觉活动。相比之下，生理测量法，如视觉诱发电位（visual evoked potentials，VEPs）可以监测婴儿大脑的电活动。神经细胞活跃时，大脑会释放微小电流（电位），我们在婴儿头部视觉区域放置电极就能测量电活动。当婴儿看向刺激时，电活动的变化会被计算机记录下来。根据记录下来的数字，我们就能绘制出婴儿大脑视觉区域的图像，从而证明婴儿可以区分刺激。

焦点

视觉错觉

视觉错觉是研究大脑如何理解世界的最有趣的方法之一。大多数时候我们能够毫不费力地识别物体，但有时我们会被欺骗。例如，筷子在水中看起来向上弯折，因为光从空气进入水中发生了折射（弯曲），造成错觉。海市蜃楼也是如此，当地表温度上升，光穿过上层的热空气就会导致错觉产生，让我们在沙漠或高速公路上看到一池水。

其他错觉的产生与大脑处理视觉信息的方式有关。假如你先盯着一个旋转的轮子看1分钟，再看一个静止的物体，你就会感觉静止的物体也在旋转。因为当你长时间注视某个物体时，大脑就会适应这种刺激，在这个例子中，就是大脑适应了旋转。其他视觉错觉有时又被称作认知错觉。如果你曾见过"不可能三角"（impossible triangle），或平面艺术家M. C. 埃舍尔（M. C. Escher）

的一些插画，你就会知道看懂一些图有多困难。婴儿会被视觉错觉欺骗吗？他们能看出自己所看的物体有问题吗？有证据表明，即使是2个月大的婴儿，有时也能分辨出错觉。研究人员已经证实，只要错觉是静止的，不同年龄的婴儿就可以看出轮廓错觉（如下图所示）。

轮廓错觉现象——这些线条给人一种球形的错觉。

尽管上述三种方法都很可靠，但任何科学性的发现都需要运用两种及以上的方法互相验证。

视力

为了理解视觉系统的发育过程，我们需要研究婴儿出生时视觉系统的状态。视力（Visual Acuity）是指看到细节的能力。婴儿的视力是衡量早期视觉发育最重要的指标之一。例如，对成年人来说，如果把书拿近，他们看清书中的文字就很容易；但如果把书拿远，他们就很难分辨每个字母。

验光师通过让人们从不同距离看一行单词来测视力。如果一个人最远只能在 6 米远的地方看清一行单词，而视力正常的成年人能从 18 米远的地方看清这行单词，就可以说这个人的视力是不正常的。换句话说，这个人的视力只有视力正常的成年人视力的三分之一。因此，测试成年人的视力十分简单。

当然，婴儿不识字，研究人员不得不设计别的方法来测试这种能力。幼儿的视力可以通过视觉诱发电位或优先注视法来测量。

对比敏感度

另一种常用于评估婴儿早期视力的方法是测试对比敏感度（contrast sensitivity），即评估婴儿是否具备从背景中分辨物体的能力。根据物体的大小和光线好坏的不同，在通常情况下只要物体和背景之间的亮度差异大于 1%，人们就可以从背景中分辨出物体。对比敏感度测试需要让人们观察空间光栅。空间光栅是由大量等间距的平行栅栏构成的网格，用于测试人们分辨栅栏后物体的能力。在测试中，研究人员通过改变光栅间距及光栅

和光栅后物体的亮度来确定人们敏感度的极限。

图为一种视力测试。一个圆圈是阴影，另一个圆圈是有条纹的。如果婴儿视力很好，他盯着条纹圆圈的时间就会更长。

为了理解光栅测试的原理，我们可以想像一排栏杆。如果你离栏杆很近，你就有可能透过缝隙看到栏杆后是什么。当你远离栏杆时，你就很难分辨栏杆和背景。栏杆的间隔大小和数量将决定分辨的难易程度。如果栏杆间隔很小，或者人距离栏杆很远，你都无法分辨栏杆和背景。

图中的婴儿头部插满了电极，正在接受心理测试。电极接收神经细胞活跃时释放的电流（电位）。婴儿看向刺激时就会产生视觉诱发电位。通过测量这种电活动，研究人员发现婴儿能够区分不同种类的刺激。

实验

视觉悬崖

　　多达三分之一的大脑都与视觉活动有关。看见事物不仅仅是通过眼睛形成周围世界的图像那么简单：我们必须理解（知觉）看到的信息。例如，当我们走到悬崖边上，就能看出这里距离地面很远。我们可以轻易感知这一深度。但婴儿一出生便能感知深度吗？还是说他们通过学习才能感知三维世界？心理学家 J. J. 吉布森（J. J. Gibson）称，感知深度不需要学习。他表示，视觉世界中有很多不变的特性可以被人立刻感知而不需要付出努力。而他的妻子，儿童心理学家 E. J. 吉布森（E. J. Gibson）对此表示反对，她认为婴儿必须通过学习才能看到周围世界的深度。

　　为了验证猜想，E. J. 吉布森对自己的幼子展开了研究，

婴儿生下来就能感知深度，还是必须经过学习才能认识到世界是三维的？图中的孩子不确定水有多深，他的爸爸正拉着他，防止他掉入水中。

看他在有明显的高度落差的地方会不会停下来。她没有真的将孩子置于危险之中，而是设计了一个安全的实验来验证猜想。在"视觉悬崖"实验中，婴儿被放在一块玻璃板中间。玻璃板一半放在平坦的带有棋盘样式的图案上，另一半悬空在棋盘样式的地板上。实验的目的是看婴儿是否能够避免从视觉悬崖上爬过去。如果婴儿停下，就说明他们不需要学习就能够感知深度。E. J. 吉布森不仅对婴儿进行了这一试验，还测试了许多动物幼崽。

　　几乎所有动物在能够独立行动之后都能避开视觉悬崖。山羊从出生起就能够做到这一点。兔子出生时眼睛还看不见，一旦它们有了视力（在 4 周大时），就能够避开视觉悬崖。人类婴儿从 7 个月左右就会拒绝爬过"悬崖"。由于不足 7 个月的婴儿一般不会爬行，人们直到最近都一直认为婴儿并不介意被放置在透明的桌子上。但现在人们发现，3 个月大的婴儿被放置在明显悬空的桌子上时会心跳加速，睁大眼睛，似乎在害怕什么。3 个月以下的婴儿看不清事物，因此，很难测试从出生到 3 个月大的婴儿是否有深度知觉。然而，视觉悬崖实验的结果明确显示，深度知觉并不像 E. J. 吉布森所认为的那样必须经过学习才能掌握。

尽管不同研究的结果不同，研究人员普遍都认同婴儿的视力水平会在出生后的前 6 个月迅速提升。这些变化可能是由眼睛自身发育所引起的。婴儿出生时，视锥细胞外节短，捕捉到的光线有限。这是因为视锥细胞分布松散，无法传输细粒度信息。尽管婴儿的知觉尚未发育完全，但他们与患有白内障或其他视力模糊的人群是有区别的。

孤独症儿童

为了理解正常的知觉发育，许多研究人员研究了异常的知觉发育。孤独症是一种罕见的发展障碍。孤独症儿童难以理解他人的想法和感觉，不和其他孩子一起玩，常常表现得孤独、冷漠。除此之外，孤独症患者还有很多知觉上的差异。孤独症患者通常能比其他人更快完成视觉任务，如从一堆形状中找出隐藏的图像。换句话说，孤独症患者更善于识别物体。这可能是因为孤独症患者的认知发育有别于正常人，也可能是由早期知觉水平的差异造成的。

孤独症患者普遍缺乏协调能力。有证据表明，孤独症患者脑部与运动协调相关的区域可能存在问题。这或许能够解释一些孤独症患者运动和姿势不协调的问题。孤独症患者的运动协调能力与物体识别能力之间的差异或许表明了他们大脑中某些视觉处理机制受损。

有证据表明，人脑的腹侧通路负责识别面孔和物体，而背侧通路负责确定物体的空间位置，以及处理视觉运动任务所需的信息。

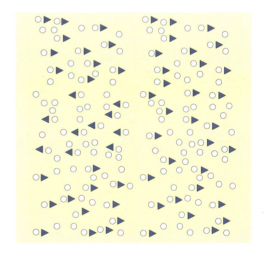

这是一张静态测试图，用于测试孤独症儿童运动一致性和知觉异常，儿童需要识别屏幕上哪些点与大多数点的运动方向相反。

为了研究大脑的这两条通路是否与孤独症患者的知觉障碍有关，研究人员设计了两个任务。第一个任务用于测量运动一致性阈值（motion coherence threshold），即测量我们如何确定物体的位置和它将要移动的方向。参与者需要在屏幕上的许多随机移动的方块中找出特定方块的移动方向。现在这一任务也被用于测试背侧通路功能。另一个任务被称作形式一致性（form coherence），即测量我们如何感知和识别物体。在该任务中，参与者需要从随机摆放的部件中找出排列整齐的部件。这一任务测试了大脑腹侧通路的功能，以及腹侧通路是否与孤独症患者的知觉障碍有关。

为了确定孤独症儿童是否患有动作处理障碍，珍妮·斯潘塞（Janine Spencer）对孤独症儿童进行了形式一致性和运动一致性测试，同时设置正常儿童和成年人作为对照组，对比测试结果。斯潘塞发现，孤独症儿童在知觉运动方面比正常儿童差得多，但两组儿童在知觉形式一致性测试中没有差异。斯潘塞在 2000 年开展的这项研究似乎表明，孤独症儿童在涉及背侧通路的任务中缺陷明显，但这不影响他们利用类似视觉信息完成需要腹侧通路处理的任务的能力。结果表明，孤独症儿童的知觉异常无法完全从认知处理的角度来解释。

对比敏感度测试衡量的是一个人从背景中分辨物体的能力。我们可以将物体比作栏杆，你离栏杆越近，就越容易看清后面的事物。当你远离栏杆，或者栏杆的间隔很小时，区分栏杆和背景的难度就会增加。

研究人员已经发现两三个月大的婴儿就已经能够分辨不同的面部表情。
——巴雷拉和莫勒（Barrera and Maurer）

深度知觉

婴儿在 8～9 个月大时开始学会爬行，他们第一次能够独自探索周围的环境。他们能够在家具等物体周围移动，还能伸手抓东西。这表明，他们能够感知深度以及自己与物体之间的距离。当我们看一个物

案例研究

环境问题

有充分的证据表明，人们生来就有视觉能力。这是否意味着环境对知觉发育并不重要呢？从 20 世纪 50 年代到 70 年代末，人们进行了大量的动物实验，试图回答这个问题。

其中，有一个实验是这样的：研究人员把刚出生的黑猩猩的眼睛遮住，或把它们关在黑暗的房间里。研究人员发现，到 7 个月大时，这些黑猩猩的视力已经永久性衰退，16 个月大后它们几乎失明了，因为视网膜和视神经停止了工作。被关在部分黑暗环境中的黑猩猩的视网膜似乎没有退化，但它们也难以分辨物体。在这一研究之后，科学家们开始思考视觉发展是否存在关键期。

感知深度最有效的方法之一就是运用双眼视力。双眼视力指物体图像落在双眼视网膜对应点上，融合为单一视觉。然而，在 1963 年，科学家大卫·休布尔（David Hubel）和托斯滕·韦塞尔（Torsten Weisel）将两三个月大的小猫的一只眼遮住，他们发现，当拆除绷带后，小猫被遮住的那只眼的视力很差。此外，他们还发现这些小猫不再具有双眼视力。这表明，小猫双眼视力发育存在关键期。

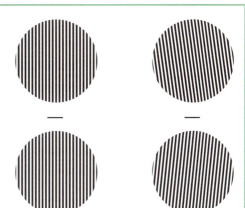

倾斜后效应用于测量双眼视力。研究人员要求受试者遮住一只眼，盯着右边两个图像中间的横线一段时间，然后再用那只被遮住的眼睛看向左边两个图像之间的横线。人们感觉到的竖直线条的倾斜程度被用作衡量双眼视力的指标。

最近的研究表明，视觉发育的关键期在出生后 3 周到 3 个月。猴子的视觉发育关键期会一直持续到 18 个月。那么，人类婴儿的双眼视力发育是否也存在关键期呢？当然，我们无法在婴儿身上进行类似的实验，因为他们的视力可能会永久受损。

许多孩子小时候都斜视，这会影响他们的双眼视力。1975 年，一组研究人员对小时候进行过斜视矫正的成年人进行了一项实验，通过一种被称作倾斜后效应（tilt-after-effect）的视觉错觉来测量双眼视力。参与者被要求遮住一只眼，用另一只眼看向两个倾斜图像中间，然后再用刚刚遮住的那只眼看向两个没有倾斜的图像中间。用被遮住的那只眼看向竖直图像时感知到的倾斜量（后效）被用作测量双眼视力的指标。倾斜量越大，双眼视力越好。这种效应被称作眼间迁移，是由大脑视觉皮层区方向选择性细胞的适应所引起的。

在 14~30 个月进行过斜视矫正的参与者的眼间迁移能力接近正常水平，而在 4~20 岁进行过斜视矫正的参与者没有表现出任何眼间迁移迹象。这些结果表明，人类和动物一样，双眼视力发育可能也存在关键期。

体时，投射到眼底视网膜上的图像是平面的，并且这一图像不停变化。婴儿能够在他们所处的环境中活动，是因为他们和成年人一样能够感知到一个稳定的、三维（长度、宽度、深度）的世界。换句话说，当我们环顾四周时，我们可以看出物体不是平面的——它们具有深度。能够看到世界具有深度有很多好处。例如，我们可以设想一下，如果我们看不到路缘比道路高会被绊倒多少次。能够感知深度还有助于我们认识物体。如果我们认为车是平面的，那么我们该如何坐进车里呢？幸运的是，有许多视觉线索可以帮助我们看到三维的世界。

感知深度最重要的辅助工具之一就是立体视觉。基于立体视觉的深度感知需要两只眼睛接收到的图像略有不同，并且两只眼睛看向同一个方向。当看向近处的物体时，两只眼睛都能看见这个物体，这就是交叉视差。将你的手指放在鼻子正前方，看着它。你的双眼会向中间移动，因此两只眼睛都能看见这根手指。然而，当你看向远处的物体时，眼睛会向两侧移动，因此两只眼睛看到的图像是不同的。这就是所谓的非交叉视差。

在视觉皮层区（大脑中与视觉有关的区域）有细胞回应交叉视差，也有细胞回应非交叉视差。你看向远处的一个物体，然后闭上左眼，用右眼看它。如果现在闭上右眼，用左眼再看它，你就会感觉这个物体似乎移动了。这种能够看到两种不同图像的能力让我们可以感知深度。这就是立体视觉（stereopsis）。

捕食性动物通常具有立体视觉。能够观察物体并感知深度的能力能够帮助狮子或鹰等捕食性动物判断猎物的空间位置，并准确定位。被捕食的动物，如兔子或母鸡，拥有更广的视野。因为它们的眼睛长在头的两侧，几乎能够看到周围的一切。当然，这也有好处。你很难接近此类动物而不被发现。然而，兔子及其他没有立体视觉的动物难以感知周围物体的深度。例如，如果你观察母鸡吃东西，你就会注意到母鸡需要不断啄地面来捡食物。

像狮子这样的捕食性动物眼睛都朝向前方，眼距很近，这能帮助他们近距离追踪猎物，让它们拥有良好的双眼视力。而野兔等被捕食的动物眼睛长在头的两侧，因此它们能够看到周围的一切，并且能够注意到不断逼近的捕食者。

从行为测试和视觉诱发电位可知，人类婴儿早在 11 ~ 13 周时就已经开始出现立体视觉敏感期。然而，感知深度不仅需要立体视觉。如果我们闭上一只眼睛，世界看起来并不会变成平面的。另一种帮助我们看到三维世界的功能是运动视差（Motion Parallax）。运动视差使得远处的物体看起来移动得更慢。例如，当你坐在火车上向窗外看，距离最近的物体看起来移动迅速，模模糊糊，稍远一点的树平稳地在眼前划过，而距离最远的物体（如月亮）甚至似乎和你朝同一个方向移动。

通过观察运动来感知深度是一个很复杂的过程。但我们知道，婴儿早在 7 周时就能够分辨运动方向，10 周后就能在视觉诱发电位中显示出来。也就是说，10 周后，婴儿就逐渐能够感知到一系列速度。

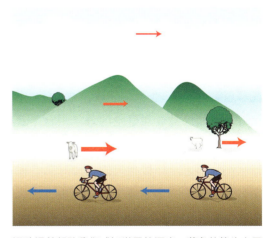

运动视差帮助我们感知世界的深度。蓝色的箭头表示骑自行车的人的运动方向。当骑自行车的人向前运动时，周围物体的位置也会改变，并且似乎与他相关。位移速度通过红色箭头的粗细来表示——箭头更粗表示近处的物体似乎比远处的物体的移动速度更快。

物体纹理也可以帮助我们感知深度。几乎所有自然表面都有纹理，并且在许多情况下纹理比运动更能帮助我们感知深度。纹理是指任何在物体或表面上的图案，从沙滩上的鹅卵石到墙纸上的图案都属于纹理。大脑假设鹅卵石的大小大致相同，因此看起来更小的鹅卵石一定距离更远。如果我们站在布满岩石的海滩向地平线望去，鹅卵石就会看起来越来越小。

对婴儿来说，运用纹理感知深度难度太大。婴儿从很小的时候就能看出图案的差异。事实上，从出生起婴儿就能够判断线条的方向，12 周左右就能够区分带有不同纹理图案的区域。然而，理解物体的大小随距离发生变化需要更高级的处理能力，因此我们猜测婴儿要在之后的发育阶段才能够理解这一点。但我们知道，婴儿从 2 个月开始，如果被放在悬空的玻璃平台上其心率就会上升。心理学家在测试婴儿避免巨大高度落差（如楼梯）的能力时总是使用各种纹理清晰的图案来暗示深度，因为他们知道孩子能够分辨纹理。

> 许多用于感知深度或相对距离的视觉线索都只需要一只眼睛，这些线索被称为单眼线索。
> ——罗纳德·W.迈耶博士（Dr. Ronald W. Mayer）

虽然婴儿能够感知三维物体，但令研究人员感兴趣的是婴儿对深度的感知与成年人的相似程度有多高。婴儿看到的是与背景分离的物体吗？婴儿是否能像成年人那样将投射到视网膜上的二维图像理解为三维图像？研究人员运用习惯化、视力等研究方法来测试孩子能看到什么，并监测视觉皮层的活动。科学家们一直在研究的一个领域就是物体知觉。

物体知觉

当你环视房间时，你能看到许多不同的物体：椅子、壁炉、灯、地毯等。成年人通过形状、纹理、颜色等环境线索可以很容易把灯从背景中区分出来。1954 年，心理学家让·皮亚杰发现婴儿不会运用这些线索。皮亚杰在儿子劳伦特（Laurent）6 个月零 22 天大时递给他一盒火柴。然而，正当儿子要去抓火柴时，皮亚杰把火柴放到了一本书上。于是儿子没有抓火柴，而是伸手拿了书。皮亚杰认为，当两个物体静止时，劳伦特无法感知物体之间的边界，而是将它们视作一个物体。随后，许多实验都支撑了皮亚杰的说法。因此，现在科学家们正试图弄清物体知觉如何发育、何时发育。

计算机视觉

多年来，科学家和心理学家一直致力于如何让计算机变得智能。人工智能领域的大多数工作都在努力使计算机像人类一样"思考"。科学家在早期就意识到，要将视觉信息输入计算机，就必须弄清楚如何处理摄像头接收到的信息。

事实证明，做到这一点极其困难。大多数视知觉是迅速的、自主的，根本不需要思考。我们甚至认为这其中不存在任何"过程"。我们可以直接看到环境和环境中的物体。

但当科学家将摄像机连接到计算机上才发现，编写程序使计算机能够识别物体或在某一环境中识别方向有多困难。现在，我们知道大脑皮层中多达三分之一的部位都与信息处理有关，还知道大脑是一个功能异常强大的计算设备。那么，这些脑力在做什么呢？

科学家大卫·马尔（David Marr）在研究大脑如何处理视觉信息方面取得了巨大进展，他还展示了计算机程序如何处理类似信息、理解人脑的运作方式。马尔的首要原则是将计算机与其中运行的程序区分开。接着，他证明了有关视觉处理任何特定阶段的理论都可以通过不同算法（数学公式或数学处理）或计算机程序来实施。

当我们看一个杯子时，会立刻辨认出它是红色的、蓝色的还是黄色的，倒放的还是正放的，能看到全貌还是部分被挡住。为了做到这一点，我们的大脑经历了几个处理阶段，包括找到物体的边缘、算出物体是有深度的而不是平面的，以及该物体符合杯子的概念。

马尔将每个处理阶段分为三个层次。第一层涉及处理该过程的理论，第二层设计出实现这一过程的程序或算法，第三层考虑物理上如何实现第一层的理论。这一行为主体可以是计算机也可以是人脑。

这与视觉发育有什么关系呢？许多的计算机视觉系统都基于算法学习，即随着经验而变化的计算机程序。虽然算法学习的灵感源于大脑神经网络，却无法像人脑一样获取新信息，改变运作方式。但两者之间也存在一些有趣的相似之处，计算机视觉研究人员也越来越多地从神经科学领域寻求灵感。

因此，我们能够慢慢弄清楚视知觉背后的大脑活动过程，以及如何在计算机中实现这些过程。这是否意味着计算机能够看见物体？答案取决于我们如何定义看见。如果看见是利用视觉信息完成任务的能力，那么答案是肯定的。但如果看见是指对视觉环境的感知或意识，那么目前还没有人能给出确切的答案。

　　我们如何将世界划分为不同的物体呢？第一，我们必须能够看出一个物体从哪里结束，另一个物体从哪里开始。例如，当你看到一个人手里拿着杯子时，你一定能够看出杯子与手是两个物体。第二，感知物体需要你能够将某个物体等同于之前见过的物体。大多数物体都建立在其他物体之上。当我们观察一个物体时，我们不可能一下子就看到它的方方面面，物体也

心理学测试表明，婴儿早在12周大时就能运用视觉线索感知深度，从而避免产生像图中台阶之类的巨大落差。

经常会被其他在前面移动的物体遮挡。因此，我们需要具备识别物体的能力，即使某些部分是不可见的，这就意味着我们需要运用不完整的信息来判断面前的物体是否曾见到过。尽管作为成年人，我们能够轻松解决这些问题，但这一过程绝不简单。

　　人们可能是根据一套普遍规则来感知物体的。其中一种猜想来自格式塔心理学，研究人员认为人们会自觉地尝试将自己感知到的物体（甚至包括随意排列的陌生形状）组织成尽可能简单、有规律的单元。

　　作为成年人，我们有可能在看到物体全貌之前就将其辨认出来。例如，如果我们从一侧看见一辆车，就会假设另一侧也有两个轮子。但这意味着我们之前就对这个物体有一定的认识。婴儿没有这些信息，因为多数物体对他们来说都是不熟悉的。因此，有关婴儿物体知觉的研究必须先找到方法以区分视知觉和基于已知信息的阐释。

运动和视觉遮挡

　　如果婴儿只能看到部分物体，那么他们如何感知物体的整体和边界呢？1983年，心理学家菲利普·凯尔曼（Philip Kelman）和伊丽莎白·斯佩尔克用优先注视法，向

4 个月大的婴儿展示一个物体，物体的顶部和底部都能看见，但中间被近处的另一个物体遮挡。在一遍遍地向婴儿展示过后，他们再展示两个新刺激：一个是完整的物体，另一个是一个物体的两个片段。与所有偏好观察实验一样，婴儿注视他们认为的新刺激的时间会更长。

如果婴儿将刚才看到的部分被遮挡的物体视作连续的单个物体，那么他们注视断开物体的时间会更长。然而，如果他们将其视为两个独立的物体，则注视完整物体的时间会更长。

凯尔曼和斯佩尔克发现，当被遮挡物体露出的那部分也移到遮挡物后，婴儿会像成年人一样将它们视作连续的单个物体。然而研究发现，与成年人不同的是，如果被遮挡物体没有移动，婴儿会将其视为两个独立的物体。这些发现进一步证明，婴儿能够将运动作为线索来判断被遮挡的物体是否是一个整体，但无法从静止的物体中得出同样的推论。

运动似乎也会影响 3~5 个月大的婴儿感知物体的边界。在一项研究中，如果两个重叠的物体独立运动，即使有时在运动中相互接触，婴儿也会将它们视为两个物体。然而，婴儿不会将静止、重叠的物体视作几个独立的物体，即使它们的颜色、纹理或形状不同。由此可知，婴儿能够从物体运动提供的线索中区分物体。但婴儿是如何在物体连续重叠的情况下感知物体边界的呢？

为此，人们设计了一系列实验来回答这个问题，其中有一个实验是让 4 个月大的婴儿观看两个物体排队从一个大方块后依次移动。在其中的一次测试中，实验者让两个物体都匀速进入和离开婴儿的视野；在其他测试中，实验者改变物体的运动方式，使得物体经过方块后面时速度突然发生变化。然而，无论物体的移动速度或运动的剧烈程度如何，如果婴儿一开始看到了一个物体在方块后移动，就会预计在队列末尾会有一个物体从方块后再次出来。这些发现证明婴儿不受物体运动稳定性的影响。由于幼儿对物体知之甚少甚至一无所知，因此我们可以推断，感知物体可能是一种先天的大脑活动，而不是后天习得的技能。

面孔知觉

面部在人类社交中扮演着重要的角色。我们可以简单地通过变换面部表情来表达快乐或生气的情绪。仅仅通过看脸我们就

中间被遮挡的物体

完整的物体

断开的物体

上图为同一个物体的三个视图。针对 4 个月大的婴儿进行的实验表明，当物体运动时，婴儿能够推断出部分被遮挡的物体是一个整体，但当物体静止时，婴儿就无法像成年人那样推断出来了。

能很容易地认出别人。事实上，我们甚至不需要看到认识的人的全脸就能够认出他们。婴儿很快就学会了分辨母亲的脸和其他人的脸。早在出生后第 2 周时，婴儿就能够通过观察成年人的脸来模仿某些行为，如伸舌头。这些发现使得研究人员充满疑惑：婴儿是否天生就有寻找面部刺激的偏好？

许多研究人员认为，婴儿追踪面孔的

能力对大脑发育有重要意义。尽管有很多证据证明，婴儿需要大约 3 个月的时间才能了解面部特征的布局，但一些研究似乎表明，婴儿在出生后 10 分钟之内就能够追踪类似面孔的刺激。然而，在 4~6 周时，面孔追踪的倾向变得不明显，直到 3 个月时才再次出现。这可能表明，婴儿处理面孔信息时运用的大脑区域与长大一点后用到的区域不同。如果这个假设正确，就表明婴儿在 3 个月大时，大脑皮层（外层）就已经发育成熟了。在那之前，负责识别物体的是大脑的其他区域。

> 遮挡会使识别物体的感官信息不完整，但我们通常都能感知到连续的立体物体。
>
> ——格特曼和塞库勒
> （Guttman and Sekuler）

也有人认为，婴儿的面孔偏好可能是引导发育中的皮层接触重要视觉刺激的一种方式。在一段时间后，皮层系统就能对面孔足够熟悉，以便进一步获得有关面孔的更多信息。因此，似乎有三个因素帮助大脑了解面孔。第一，婴儿天生倾向于关注类似面孔的图案。第二，婴儿周围有大量面孔可供观察。第三，当婴儿看到面孔时，大脑某些部位会变活跃。这些因素加在一起使大脑变得专注于面孔。

外部性效应

婴儿如何识别熟悉的面孔呢？ 20 世纪 80 年代，伊恩·布什内尔（Ian Bushnell）进行的研究表明，新生儿可以根据头发、眼睛和嘴巴来区分两张类似的面孔。然而，如果给这两个脑袋带上泳帽，不到 3 个月大的婴儿就无法进行区分了。

如果在物体周围加上边框就无法区分特征变化，这就是所谓的外部性效应。布什内尔及其团队发现，如果面部展示出微笑等动态表情，外部性效应就会减弱。但对于大一点的孩子来说，这一点就不那么重要了。在其他物种身上也可以看到外部性效应。1974 年，尼克·汉弗莱（Nick Humphrey）研究了海伦（Helen）身上的外部性效应，海伦是一只视觉皮层被切除的猴子。在通常情况下，海伦捡起葡萄干完全没问题，却不能捡起放在圆环中的葡萄干。心理学家认为，外部性效应说明了婴儿注意力的局限性。

情绪表达

正如我们所看到的，婴儿在很小的时候就能够模仿别人的面部表情，甚至是在出生 2 天后。然而，尽管他们能做出快乐和悲伤的表情，却不会用微笑或抿嘴来表达情绪。那么，婴儿是何时学会根据别人的面部表情来调整自己行为的呢？

研究表明，婴儿在 4 ~ 10 个月大时就能注意到面部表情的差异，也能区分微笑和大笑。然而，注意到表情之间的差异并不等同于理解表情的含义。情感表达通常伴随着发声。例如，婴儿张大嘴巴、睁大眼睛可能表示震惊，他们经常还会倒吸一口凉气。我们知道，婴儿在三四个月大时就能够区分快乐和悲伤的声音，并会匹配适当的面部表情。然而，婴儿能否意识到一张微笑的面孔加上满足的声音就意味着这个人是"快乐的"，这一点就不那么明确了。

社会参照

判断婴儿何时真正理解表情含义的一种方法就是观察他们能否根据别人的情绪来调整自己的行为。这就是所谓的社会参照（social referencing）。社会参照可以被看作一种通过表情来交流的能力。例如，父母常常只用看着孩子或扬起眉毛就能表达对孩子行为的不满。无论是什么表情，孩子都能快速理解其含义。

在与之相关的一个社会参照实验中，婴儿和成年人被置于一个陌生的环境中。

接着，一个新玩具被带了进来。实验人员让成年人做出特定的面部表情，如快乐或恐惧的表情，然后记录婴儿对这一表情的反应。12个月大的婴儿能够根据情绪表达调整自己的行为。因此，如果当玩具被带进来时母亲做出恐惧的表情，婴儿就会避开玩具。但如果母亲的表情是快乐的，婴儿就会接近玩具。由此可知，尽管婴儿在4~10个月大时就能够区分面孔，但似乎要到12个月大时才能够对别人的表情做出反应。对此，有两种可能的解释。有可能是因为婴儿区分情绪表达早于理解表情的含义，也有可能是因为婴儿理解表情的含义早于意识到人们想要通过这些表情来调节他们的行为。婴儿正是通过关注他人的面部表情来了解更多有关面部表情的含义及如何做出微妙的反应的。过去人们一直将特定表情与特定结果联系起来，这样有助于学习有关面部表情含义的微妙信息。

视觉注意力

到目前为止，我们已经讨论了视觉处理不同方面的发育。研究人员已经了解到很多有关这些过程如何发育和何时发育的信息。然而，我们对知觉发育的大部分理解都基于测试婴儿对视觉展示或动作的注意力。那么，我们所说的注意力是什么呢？当我们看书或看电视时，我们能够专注于我们想看的东西。这种能够在任意长的一段时间专注于想看的某件事物的能力被称作"持续注意力"（sustained attention）。

为了专注于某个物体或事件，我们必须保持清醒，这是培养专注力的第一步。研究人员研究过婴儿达到清醒状态而不是保持这种状态的发展过程。在出生后的第1个月中，婴儿处于清醒状态的时间不到20%，睡眠时间长达75%。在前3个月里，婴儿在清醒状态和睡眠状态的时间分布会发生巨大的变化。到3个月时，婴儿清醒得更加频繁。在2~3个月大以前，婴儿主要通过外部刺激来达到清醒状态，如抚摸他们的脸。

然而，从第12周开始，除了获得注意力之外，婴儿保持注意力的能力开始发展。注意力涉及选择需要关注的特定物体或事件。在过去20年中，研究人员发现注意力的一种独特形式就是选择并专注于物体的能力，无论这些物体位于视野中的哪个位置。

如果一个物体在婴儿面前朝着一个方向匀速缓慢移动，婴儿就能用眼睛追踪这个物体。但如果物体改变方向或加速，婴儿就不再追踪得上该物体。这就是所谓的平滑追踪。平滑追踪和眼跳运动不同。在眼跳运动中，眼睛从一个注视点突然移动到另一个注视点；而在平滑追踪中，眼睛从一个注视点持续移动到另一个注视点。

分散注意力的能力可以通过重叠空白测试来衡量。在实验中，研究人员将一个物体放在婴儿眼睛的正前方，然后再放置其他目标物体，使它们与中心物体重叠、接触或中间留有空白。接着，研究人员计算婴儿观察到边缘物体所需要的时间。和成年人一样，当二者之间有空白时注意力转移得最快，而当二者重叠时注意力转移得最慢。这类研究表明，婴儿能够将注意力从一个物体转移到另一个物体。这种能力在前 4 个月会得到迅速发展。

到目前为止，我们已经了解到婴儿在很小的时候就能够追踪并专注于视野中的物体。注意力是指选择何时、何地、关注何物及关注多久的能力。婴儿优先注视研究的目的是看他们能否比较和区分熟悉的刺激和新刺激。在实验中，婴儿会自主地将注意力从一个刺激转移到另一个刺激上。在不同刺激之间转移注意力的能力似乎随着年龄的增加而增强。3 个月大的婴儿就能转移注意力，但频率远低于 4 个月大的婴儿。

为了测试婴儿在多大程度上可以选择不去注意某物，研究人员向婴儿展示了一个具有吸引力的物体，同时在其视野一侧放置了一个边缘刺激，婴儿必须将眼睛从主要物体移开才能看到边缘刺激。研究人员发现，在这些条件下，婴儿可以学会不去看边缘物体。事实上，6 个月大的婴儿就能够先看向别处具有吸引力的物体长达 5 秒，再看向边缘物体。这表明，6 个月大的婴儿就能够控制自己看哪里或不看哪里。

> 在研究视知觉的科学家中始终存在一个争议，即什么是我们从背景中识别人物的神经基础。
>
> ——朱莉娅·卡罗（Julia Karow）

其他研究表明，婴儿时期视觉注意力发育有三个阶段。从出生到 2 个月左右，婴儿变得越来越清醒，越来越多地意识到周围发生的事情。两三个月到 6 个月左右，婴儿的空间定向能力迅速发展。第三个阶段始于出生五六个月之后，在这一阶段婴儿第一次能够控制自己的注意力。

听知觉

到目前为止，我们已经讨论了视知觉。作为成年人，用眼睛来判断周围的世界也许是最重要的事——似乎没有其他任何感官对知觉有这么大贡献。然而，婴儿的听力比视力好得多，因此对他们来说，听知觉也许至少和视知觉一样重要。

婴儿最先听到的声音之一就是母亲的声音。20世纪80年代早期的一项研究表明，婴儿在出生1~2天内就能区分母亲和陌生人的声音。是婴儿学得快，还是他们在子宫里就能认出母亲的声音呢？

为了回答这一问题，心理学家进行了另一项研究，让孕妇在怀孕的最后6周为胎儿大声朗读一个故事，每天两次。当婴儿出生2天后，再给他们朗读之前的故事和一个新故事。婴儿在听到旧故事时的吸奶次数比听到新故事时更多，即使不是母亲在读故事。这表明，婴儿在出生前就能够体验并学习一些东西。

有证据表明，婴儿区分音素（语音）的方式与成年人相同。例如，单词"park"（公园）和"bark"（狗吠）发音几乎相同，只有一个音素不同。通过这种方式来感知声音的能力被称为分类知觉，因为每种声音只属于一个类别。

1983年，心理学家帕特里西娅·库尔（Patricia Kuhl）对18周大的婴儿进行了测试，看看他们能否区分不同的元音发音。实验对象需要看着两张相同的面孔无声地发出不同的元音——"reef"中的"ee"和"bob"中

的"o"——但只有一个声音通过扬声器播放出来。婴儿盯着嘴巴形状与声音相匹配的脸的时间明显更长。这一结果证实了人们长期以来的看法——人们生来就具有某种先天机制来识别类似话语的声音。正是这种区分音素的能力使婴儿能够快速掌握"母语"（婴儿时期接触最多的语言）。

图为母女俩一起读书。人们认为，婴儿在出生前就能听到并了解母亲的声音。人们可能天生就具有某种识别类似话语的声音的遗传机制。

各个国家的人在学习外语时经常会在某些发音上遇到困难。例如，讲英语的成年人可能会觉得法语和意大利语中"卷舌的r"很难发音，而日本人认为英语的中"r"和"l"很难区分。但日本婴儿在区分这两个辅

音时就没什么问题。那么婴儿是何时丧失这种区分所有现存语音的能力的呢？

1984 年，珍妮特·沃克（Janet Werker）和里查德·蒂斯（Richard Tees）发现，父母都讲英语的婴儿在 6～8 个月时能够区分印地语中不同的辅音，但等到他们 12 个月大时就无法区分这些声音了。但父母讲印地语的婴儿就不会失去区分这些辅音的能力。这表明，人们生来就具有学习语言的先天机制。婴儿在很小的时候具有区分世界上所有语音的能力，但如果婴儿在环境中不接触这些声音就会失去这种能力，只能区分与周围听到的语言相关的语音。

感觉统合

在本章中，我们研究了视觉和听觉的发育。然而，在日常生活中，我们会整合视觉和听觉信息来了解周围的环境。例如，当你看到狗从花园跑进来时，还会听到它在喘气。当我们听到电话响时，会伸手拿起电话。我们在很多地方都会用到感觉统合（intersensory perception）。我们可以通过发出"嗯哼"的声音或简单地扬起眉毛就能有效沟通。如果我们通过一种感官熟悉了某个物体，如每天看这个物体，那么我们通常可以仅仅通过触摸就识别出来。对成年人来说，

感觉统合每天都在发生。但婴儿是何时学会整合视觉、听觉及其他感官信息的呢？

1984 年，伊丽莎白·斯佩尔克给 4 个月大的婴儿在两块屏幕上同时播放不同的动画电影，每部电影都有原声带。当婴儿观看电影时，在两块屏幕中间的扬声器播放其中一个电影的原声带。斯佩尔克发现，婴儿转向并观看与原声带相匹配的电影的时间明显更长。这表明 4 个月大的婴儿就已经在学习整合并协调不同来源的感官信息了。在接下来的几年里，这些婴儿将学习探索环境并与之互动。他们将能够与别人交流，并从中学习。婴儿能够完成所有这些事情，是因为他们天生具有知觉能力。

婴儿的知觉能力有多少是天生的，又有多少是在出生后的头几年中习得的，此类研究继续吸引着认知心理学家们。然而，无法与婴儿充分沟通仍然是一个主要的障碍。随着心理学家尝试更多地了解婴儿知觉并对婴儿知觉进行更准确、更深入的测量，人们正在创造出更为巧妙的测试来为他们的研究提供帮助。

与意识的出现紧密相关的过程，如信息的整合和传播，似乎是在无意识中进行的。

——马克斯·威尔曼斯（Max Velmans）

第四章　发展阶段

年轻、好奇的孩子会探索新环境。

有关儿童智力或认知发展的两个最重要的理论——从婴儿期到成年期有什么样的发展，儿童的思维是如何变化和发展的——分别由俄罗斯心理学家列夫·维果茨基（Lev Vygotsky）和瑞士心理学家让·皮亚杰提出。二者都认为智力的发展是分阶段的。维果茨基将儿童称作"学徒"，认为他们会向更有经验的人学习，而皮亚杰将儿童称作"探索的科学家"，认为他们能够通过探索环境来学习。皮亚杰的研究尤其具有影响力。

研究心理发展的心理学家认为，有两个基本问题需要回答："什么"在发展，以及"如何"发展。虽然确定"什么"发生了变化很重要，但要充分理解心理发展，了解"如何"变化也同样重要。

下面的图展示了儿童心理发展一些可能的情况。在第一张图中，横轴表示年龄，从 0 岁到 10 岁；纵轴表示孩子在某些任务（如解决问题）中的表现，从 0 分（非常差）到 100 分（完美）；三个点分别表示孩子在 2 岁、5 岁和 8 岁时的表现。2 岁时，孩子的得分很低；到了 5 岁，分数提高，但低于

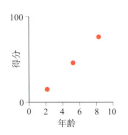

一个孩子在几年内每隔一段时间的测试数据：横轴代表年龄，纵轴代表孩子在同一组特定任务中的得分。

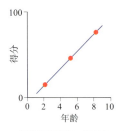

连续线性变化：发展是一个线性过程——经历随时间累积，因此孩子任务完成得更好，得分更高。

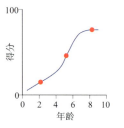

连续非线性变化：孩子积累的经历相互作用，出现迅速发展时期，然后达到平台期。

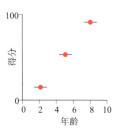

非连续性发展：孩子的心理在很长一段时间保持相对稳定，但也有突然的、周期性的变化让孩子表现得更好。

8 岁时的得分；8 岁时，孩子的分数已经相当高了。很明显，孩子在发展，但这是如何发生的？你会做出怎样的推测来填补 3 个点之间的空白，预测孩子在 3~7 岁时的表现呢？

你可能会认为，发展仅仅是经历随着时间推移的积累。在这种情况下，你可能会画一条线连接 3 个点，正如下一张图所示。第二张图是一种连续线性变化。线性是因为这条线是直的，连续是因为这条线没有中断。这种发展理论认为，随着孩子经历的增加，任务会完成得越来越好。

如果你认为发展是经历的累积，并且这些经历能够相互作用并能创造更丰富的知识，那么你很有可能会像第三张图那样填补空白。第三张图展示了连续非线性变化。连续是因为直线没有中断，非线性是因为这条线不是一条直线，改变了方向。在这张图中，一开始得分变化很小，到了 5 岁左右急剧上升，最后在 8 岁左右趋于平稳。这种发展理论认为，经历会累积并相互作用，等到了关键年龄，经历达到某个水平后就会出现重大变化。过了这一水平，经历增加将不再引起更多变化。

除了连续理论外，还有人认为儿童发展是非连续性变化的。最后一张图就展示

了非连续性变化，因为图中的线并不是一条没有中断的线，而是几条被称为"高原"的水平线。这种解释的逻辑在于孩子的心理在很长一段时间保持相对稳定，但有时突然的变化让孩子表现得更好。尽管随着时间推移，经历的累积可能会引发这种变化，但经历本身并没有通过表现得分反映出来。

发展心理学中两个最重要的理论都认同非连续性变化，正如最后一张图所示。这两种理论分别由列夫·维果茨基和让·皮亚杰提出。两人都认为认知发展是不连续的，即孩子会在特定的阶段取得发展。但两人提出的假设不同，他们对认知发展有不同的看法。

维果茨基的发展理论

维果茨基年轻时，俄国以马克思主义理论为指导进行了一系列革命。马克思主义由德国哲学家卡尔·马克思（Karl Marx）和弗里德里希·恩格斯（Friedrich Engels）共同提出，该政治学说强调三点：实践产生思维，发展在辩证交流中推进，发展是存在于某种文化之中的历史进程。作为一名学者，维果茨基尝试将马克思主义的意识形态应用于心理学。我们可以将维果茨

- 皮亚杰和维果茨基是认知发展研究的主要贡献者。
- 两位心理学家都试图回答"儿童如何获得对世界的功能性表征"这一问题。
- 一开始，二人对发展持有不同假说。维果茨基受到马克思主义意识形态的影响，而皮亚杰则受到自己作为生物学家研究自组织系统的影响。
- 发展心理学家通常会对比这两种理论，强调皮亚杰忽视了社会维度，而维果茨基忽视了儿童在理解世界中付出的个人努力。
- 两位心理学家都设计了新的研究方

法，发现了新的现象，更为重要的是，他们发现在某些方面认知发展是不连续的。
- 最近，研究人员更加强调这两种理论的互补性而不是差异性。皮亚杰没有忽视儿童所属文化的重要性，维果茨基也没有忽视儿童作为积极参与者的作用。
- 关于认知发展如何发生这一问题，仍然没有一个明确的答案。但皮亚杰和维果茨基的阶段理论和他们的后继者都强调了认知发展中的不连续问题。

基的理论看作在心理学理论和术语中应用或阐释马克思主义政治理论。

维果茨基的阶段模型

维果茨基提出，任何心理功能（如思维或语言）在发展过程中都会出现两次。第一次出现在儿童外部，这时，儿童接触到文化工具，如单词或问题解决策略。当他们首次使用一种功能时，这个工具还不完全属于他们，而是"借来的"。但在接下来的一段时间内，儿童会反复使用这个工具，通过程序化的练习，逐渐内化（internalize）这些工具，使之成为自己的东西。内化是指有意识或无意识地将某事纳入自我，作为指导原则，它可以通过学习实现。

在儿童文化发展过程中，每种功能都会出现两次，或出现在两个层面上。首先在社会层面上，然后在个人心理层面上。

——列夫·维果茨基

维果茨基提出的阶段模型描绘了这一内化过程的进程，即如何把文化工具变成自己的。因为维果茨基相信语言和思维一开始是独立的思维活动，因此他为二者提出了不同的发展阶段。

语言发展

维果茨基认为，语言发展经历四个阶段。从出生到 2 岁左右，儿童处于语言的原始阶段。原始语言的基本特征是没有智力活动，即不涉及思考。语言始于情感的释放，如哭喊。接下来出现的是能产生社会反应的声音，如笑声。原始阶段最早出现的词汇是对某些物体或需求的替代。例如，当父亲走进房间时，孩子会说"爸爸"，当孩子饥饿时看到牛奶就会说"奶"，这些单词仅仅是条件反射。孩子知道他喝的白色液体与"奶"这个发音有关，但这个单词在他的脑中暂时还没有意义——如果没有先看到牛奶，他就不会知道奶是什么。

维果茨基将语言发展的第一阶段定义为原始阶段。在 2 岁前，婴儿将"奶"这个单词等同于他得到的能够消除饥饿的白色液体，但在婴儿脑中"奶"这个单词并没有任何独立的含义。

> 思维不仅仅通过言语表达，还需要言语才能存在。
>
> ——列夫·维果茨基

语言发展的第二阶段大约开始于 2 岁，称为幼稚心理阶段。在这一时期，儿童的词汇量增长很快，主要是因为儿童主动要求别人告诉他们物体的名字。单词不再是条件反射的产物，儿童开始理解言语的象征性含义以及这些言语所代表的事物。该阶段被称为幼稚心理阶段是因为虽然儿童可以说出语法正确的句子，但他们尚未理解语言的深层结构。

语言发展的第三阶段称为自我中心语言，开始于 4 岁左右。该阶段被称为自我中心语言阶段是因为在这一阶段，儿童的大多数话都不是讲给别人听的，他们更像是自言自语，尤其是在游戏中。儿童做游戏时经常会使用不同的语调"表演"不同的想法。

对维果茨基来说，这种语言形式标志着一种重要的新智力工具出现了：语言影响儿童的思维，而思维反过来又会影响他们的语言。语言与思维的相互作用标志着语言思维的出现。语言思维的好处是它能

马克思主义发展理论

要点

维果茨基理论的主要观点如下。

- 如果行为创造思维，那么认知发展就是行为的逐步内化。

- 发展是儿童与环境的不断交互。每次交互都为儿童提供机会修正自己的思维。当儿童注意到自己的思维与环境之间存在差异时就会调整自己的思维，获得发展。这种交互称为辩证法，因为儿童的看法与现实经历之间的矛盾迫使他们去寻找一种更符合经历的思维方式。

- 为了了解儿童发展，我们必须考虑儿童所处的文化。文化不仅提出了具体要求（即对孩子们的期望），还提供了认知工具，帮助儿童来满足这些要求。维果茨基心目中的工具包括数字、地图、代数、艺术作品及最为重要的语言。

- 思维和语言的发展阶段不同。尽管二者最初相互独立、各自发展，但最终会结合在一起形成语言思维——最为复杂的思维形式。

帮助孩子在解决问题的过程中规划解决方案。我们能听到孩子们在处理困难任务（如系鞋带）时使用语言思维。当成年人面临困难问题时，有时甚至也会"大声思考"。

语言发展的第四阶段是内部成长阶段。在这个阶段，儿童逐渐形成了自我中心语言的内化形式。脑中的符号代替了说话的声音，这些符号在语言思维和问题解决上发挥着类似的作用。同时，思维和语言的功能也变得不可分割。思维成为一种内心语言，而内心语言也发展成一种思维。

思维发展

维果茨基认为思维发展会经历三个阶段。在第一阶段，儿童不能进行有组织的

根据维果茨基的思维发展理论，儿童到了第二阶段才具有"综合思考"的能力，即根据物体的形状、大小、颜色进行归类。

分类思考。

最初，儿童形成的表征是试错分组，物体和事件随意结合。渐渐地，儿童开始注意到某些事件与其他事件同时发生。思维是一种社会或文化事件。例如，儿童开始把父母出现与被拥抱联系在一起。但直到第一阶段结束，分类仍然是无组织的。不同的是，到这时儿童会对他们的分类范畴感到不满。这种不满使儿童产生挫败感，促使他们进入下一个阶段。

思维发展的第二阶段称为综合思考阶段。于维果茨基而言，综合是将物体或事件分类的连贯性基础。一开始，儿童的综合思考基于他们注意到的物体或事件之间的任何联系，如颜色或形状。之后，儿童会根据物体之间的差异而不是共同点将其归为不同类别。例如，让儿童把餐具进行归类，他们会把一个叉子、一把刀、一个勺子归为一套餐具放在桌上，而不是把所有叉子放在一起，所有刀放在一起。

在思维发展的第二阶段，综合思考变得越来越复杂，但仍然以物体和事件可被观察到的特征为基础。直到第三阶段，即概念化思考阶段，儿童才能用抽象属性代表物体和事件，如从一堆点中看出形状或图案，或认出毕加索画作中的脸。

> 儿童不仅通过眼睛认识世界，还通过语言认识世界。
>
> ——列夫·维果茨基

在这一阶段，儿童以更复杂的方式分析综合信息，语言在其中发挥了重要作用。儿童在第一阶段就学会了结合语言和思维，到了第二阶段，语言和思维紧密地联系在一起。语言可以指导或塑造思维，思考的结果可以通过语言进行交流和表达。

游戏和教师的作用

根据维果茨基的说法，游戏是刺激发展最重要的两种方式之一。如前所述，儿童在游戏中使用自我中心语言。语言使他们能够指导自己的活动，也帮助他们内化语言，使其成为复杂的心理工具。在维果茨基看来，游戏出现在最近发展区是超出儿童现有发展水平而又低于潜在水平的活动。在游戏中，儿童学习运用尚未内化的心理工具，这种学习会促进发展。

刺激发展的另一种重要方式是与发展水平更高的人一起活动，如年龄较大的儿童或成年人。处于同一发展水平的儿童无法通过最近发展区相互刺激发展，但他们仍然可以相互刺激发展，因为儿童共同做游戏是一种试错过程，他们还不会使用超

案例研究

最近发展区

维果茨基对刺激发展的方式很感兴趣，并提出了以下问题：假设两个儿童在一项测试中的表现相同，他们是否达到了相同的发展水平？

维果茨基发现，答案是否定的。假设让两个 8 岁的小孩彼得（Peter）和罗伯特（Robert）参与一项问题解决测试，计算出他们的心理年龄也都为 8 岁。我们可以得出结论，彼得和罗伯特的发展水平相同。但假设两人再次接受测试，这次有一位成年人为他们提供帮助。这位成年人不会给出答案，但会帮助他们明确问题的重要特征。在成年人的帮助下，彼得的心理年龄达到了 9 岁，但罗伯特的心理年龄达到了 11 岁。很明显，两个儿童的发展水平不同，罗伯特比彼得更成熟。

通过此类测试，维果茨基区分了儿童实际的发展水平（儿童自己能做什么）和潜在的发展水平（儿童在专业人士的帮助下能做什么），这很关键。右侧的图显示了这种差异。尽管彼得和罗伯特在独立的情况下表现得差不多，但罗伯特能够从专家的帮助中获益更多。维果茨基将儿童发展的实际水平与潜在水平之间的差异称为"最近发展区"（Zone of Proximal Development，ZPD）。

维果茨基认为儿童发展受到最近发展区的刺激，也就是说，当儿童受到超出他们当前表现水平的刺激时，就会得到发展。但最近发展区存在上限，用适合 10 岁儿童回答的问题刺激两个孩子只会让罗伯特受益，而用 12 岁儿童才能回答的问题刺激两个孩子，二者都不会得到发展。要想促进儿童发展，刺激必须超过儿童现有的发展水平，但低于儿童潜在的发展水平。

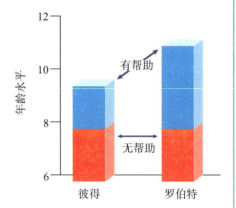

两个儿童身上展现出的最近发展区就是儿童独自解决问题的能力和有帮助时解决问题的能力之间的差异。

出他们最近发展区的工具。

　　但年龄较大的儿童和成年人通常已经掌握（并内化）了年龄较小的儿童最近发展区中的工具，因此他们更容易提供刺激，帮助年龄小的儿童超越现有的发展水平，培养新技能并最终将其内化。

　　想想那些尚未学习单词的婴儿，他们咿咿呀呀，回应别人的声音，几乎准备好了说出第一句话。其他处于同一语言水平的婴儿无法帮助他们说出话来，因为这些

工具同样超出他们现有的语言水平，最好的情况也不过是婴儿们一起咿咿呀呀。然而，大一点的儿童已经掌握了单词发声，他们就可以为这些婴儿提供适当刺激。在最近发展区中刺激年龄更小的婴儿的语言能力可以帮助他们说出第一句话。

　　所有高级功能都源于个体之间的现实关系。

——列夫·维果茨基

人物传记

列夫·维果茨基

　　1896 年 11 月 5 日，维果茨基出生于白俄罗斯的奥尔沙（Orscha）。

　　1917 年维果茨基同时从莫斯科大学（Moscow University）和沙尼亚夫斯基人民大学（Shanviavsky People University）毕业。他广泛阅读文学、社会学、哲学、艺术、心理学领域的书籍。

　　1921 年维果茨基首次发表心理学文章。

　　1924 年及以后的 10 年里，维果茨基与同事亚历山大·鲁利亚（Alexander Luria）、阿列克谢·列昂季耶夫（Alexei Leontiev）共同开始了心理学领域的系统研究，直到去世。同时，维果茨基在家乡白俄罗斯继续开展医学实践。

　　1931 年维果茨基加入了位于当时的乌克兰首都哈尔科夫（Kharkov）的乌克兰心理神经研究所心理学系。

　　1934 年 6 月 11 日，37 岁的维果茨基因肺结核在莫斯科去世，职业生涯戛然终止。维果茨基死后不久，《思维与语言》（Thought and Language）出版。起初，该书由于政治原因被政府所禁，但后来对俄罗斯的教育产生了重要影响。

　　直到 20 世纪 50 年代末，维果茨基的作品才闻名世界。从那以后，这些作品对西方教育家产生了深远的影响。

要点

皮亚杰研究中的主要猜想

- 婴儿生来不具备有关任何事物的知识。他们出生时只有一些基本反射，但这些原始反射是构建思维所需的全部条件。
- 儿童通过与环境之间的互动积极创造对世界的构建。儿童不是等待被填满的空白容器，也不是被动的观察者，他们通过体力或智力活动完善思维。

- 思维不是整合个人能力，而是将表征纳入统一的思维结构。儿童会经历不同的发展阶段，他们的所有行为都会反映当前的思维结构。
- 发展涉及重要的结构变化，所有儿童都会以同样的顺序经历同样的阶段。这些阶段与逐步完善的思维结构有关，随着时间的推移，儿童有能力构建这些思维结构。

对维果茨基研究的评价

维果茨基帮助人们认识了智力发展的两个因素。根据马克思主义哲学，维果茨基强调了文化对发展的影响。儿童不是在真空中长大的，而是在社会环境中，这一社会环境会为儿童提供特定的压力及一系列认知工具，其中最重要的就是语言。

维果茨基还指出了由表现测试测出的实际发展水平和由辅助表现得出的潜在发展水平之间的重要区别。基于这一区别，维果茨基提出了"最近发展区"的概念。最近发展区至今仍是一个十分重要的概念，尤其是在教育领域。巴巴拉·罗戈夫（Barbara Rogoff）等许多研究人员极大地丰富了维果茨基的研究，提出了"学徒"发展理论。

尽管维果茨基的理论清晰、连贯，具有可验性及启发性，但同时也存在一些不可忽略的局限性。首先，维果茨基的理论所能解释的数据范围有限。维果茨基的研究主要集中于语言和分类技能，但目前我们尚不清楚如何将他的发展阶段理论适用于其他思维形式，如问题解决或逻辑思考。其次，这一理论未能详细说明儿童从一个阶段发展到另一个阶段的机制——在他的理论中，更多的是描述而不是解释。

维果茨基不到40岁就去世了。如果维果茨基活得更久，或许能够提出一个更为广泛和全面的发展心理学理论。

皮亚杰的发展理论

让·皮亚杰出生于 1896 年，与维果茨基同年出生，但却比这位俄罗斯心理学家的寿命长了 46 年。在皮亚杰漫长的职业生涯中，他提出了有史以来最伟大的智力发展理论。最初，皮亚杰是一位心理学家，但很快就对知识的起源和儿童如何认识世界产生了兴趣。皮亚杰研究的主要问题是"儿童是如何认识世界的"。

皮亚杰阶段模型

皮亚杰认为认知发展经历了四个阶段。每个阶段都代表了按照一种心理结构组织思维的特定方式，每个阶段都适用于所有可能的认知活动，如思考、理解等。因此，儿童在任何时刻做的任何事情都会反应他们现有的发展水平。

婴儿从皮亚杰所谓的感知运动阶段（sensorimotor）开始与环境互动，即从出生到 2 岁。下一阶段称为前运算阶段（preoperational thought），出现在 2~7 岁。处于这一阶段的儿童能够运用符号来表征物体和事件，但还无法进行逻辑思维。儿童需要到下一阶段，即具体运算阶段（concrete operations）才能进行逻辑思维。在这一阶段，儿童能按照逻辑法则形成对外部世界的表征，但必须借助能够观察到的事物。该阶段大约从 7 岁持续到 11 岁。在最后一个阶段，即形式运算阶段（formal operations），儿童能够将逻辑思维运用于想法而不仅仅是物体。这就会产生抽象表征，如正义。形式运算阶段大约开始于 11 岁，通常到成年时完全形成。

- 表征——用于指代其他事物的事物（如用单词"Fido"表征动物）。
- 内在表征——头脑中的表征（如与杂志中的图片相反）。
- 内化行为——行为及其结果的内部表征。
- 运算——按照逻辑法则进行的心理活动。

关键术语

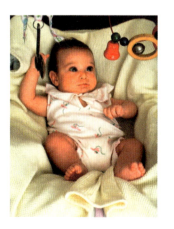

皮亚杰将儿童认知发展的第一阶段称为感知运动阶段，该阶段出现于婴儿从出生到 2 岁。在这一阶段，婴儿开始形成对周围世界的认识并与周围环境互动。

人物传记

让·皮亚杰

1896 年 8 月 9 日，让·皮亚杰出生于瑞士的纳沙泰尔（Neuchâtel）。

1970 年，皮亚杰发表了第一篇科学论文——一篇观察白化症麻雀的简短笔记。那时，皮亚杰年仅 11 岁！十几岁时，皮亚杰又陆续发表了许多有关软体动物的论文。皮亚杰的高产让人们认为他是一位有名的科学家，他也因此在高中毕业前就获得了日内瓦博物馆馆长的职位。

1915 年，皮亚杰获得了纳沙泰尔大学生物学学士学位，3 年后又获得了这所大学的自然科学博士学位。

1918 年，皮亚杰离开纳沙泰尔开始学习心理学。最终，他来到巴黎的索邦大学（Sorbonne）和阿尔弗雷德·比内（Alfred Binet）共同研究智力测试。

让·皮亚杰去世前 5 年的照片。皮亚杰的发展理论对心理学产生了重大影响。

他很快意识到，儿童的错误比智商分数更具启发意义。皮亚杰发明了"临床方法"来评估儿童思维。

1921 年，皮亚杰成为瑞士日内瓦（Geneva）让 - 雅克·卢梭学院（Jean–Jacques Rousseau Institute）的研究主任。

1923 年，瓦伦丁·夏特内（Valentine Châtenay）和皮亚杰结婚。他们育有三个孩子：杰奎琳（Jacqueline），露西安娜（Lucienne）和劳伦特。这三个孩子从婴儿期开始的智力发展过程为皮亚杰的发展理论提供了特殊的观察经验和证据。

1955 年，皮亚杰成立并管理国际遗传认识论中心（International Center for Genetio Epistemology），直至去世。

皮亚杰于 1980 年 9 月 16 日去世，享年 84 岁。在整个职业生涯中，皮亚杰出版了 50 多本书，发表了 500 多篇文章，是心理学领域最多产的研究者之一。

要点

客体永久性

根据皮亚杰的理论，婴儿不是生来就知道物体是作为独立实体而存在的。起初，他们会认为物体是自己身体和行为的延伸。例如，一个红色的球"存在"是因为婴儿"想要"看见这个球。如果将球或者其他具有吸引力的物体从视线中移开，婴儿会继续盯着这个物体原来所在的位置，就好像他们希望能多看这个物体一会儿，并期待通过盯着它最后出现的地方就能再次看见它。

对这个阶段的婴儿来说，看不见一个物体就等于这个物体不存在，正所谓"眼不见，心不想"。拥有真正的客体概念需要婴儿相信客体独立于自己的行为而继续存在。在婴儿意识到虽然看不见物体，但物体依然存在之前，如果物体在他们眼前消失，他们就不会去寻找。然而到了第三亚阶段，婴儿在看到物体的一部分时会期待有一个完整的物体。如果将一个具有吸引力的物体藏在毛巾下面，露出物体的一部分，婴儿会尝试把它找出来。到了第四亚阶段，即使物体完全消失在视线中，婴儿也会去寻找。

然而，如果将物体藏在一个新的位置，处于第四亚阶段的婴儿有可能还会去之前的位置寻找，即使他们看到了物体被藏在了新位置。到了第五亚阶段，婴儿会超越这一局限性，但仍然尚未掌握所谓的"隐蔽位移"。例如，我们想象3个盒子A、B、C。一个成年人将一个小玩具藏在手中，将手放入盒子A中，再放入盒子C中，然后展示手心是空的，这样玩具就消失了。成年人可以判断出玩具要么在盒子A中，要么在盒子C中，但绝对不可能在盒子B中。只有到了第六亚阶段的婴儿才不会在盒子B中找玩具，年龄更小的婴儿搜索盒子A和盒子C的可能性和搜索盒子B的可能性一样大。

图中一个7岁的男孩和9个月大的妹妹玩耍，妹妹坐在妈妈腿上。妹妹处于皮亚杰发展理论的第四亚阶段，她知道如果自己移开毛巾，就能找到哥哥。

> 心理发展是一个螺旋上升的过程，同样的问题在不同发展水平会反复出现，但水平越高，问题解决得越彻底、越成功。
>
> ——让·皮亚杰

不同阶段的年龄仅仅作为发展时间线的大概参考，每个孩子都有差异，会以自己的节奏经历这些阶段。皮亚杰还在这四个主要发展阶段的基础上细分了亚阶段。

感知运动阶段

感知运动阶段从婴儿出生一直持续到2岁。皮亚杰认为儿童生来只有一些先天反射，而这些反射是智力发展的基础。在感知运动阶段，儿童体验这些反射，将其运用到环境（包括自己和他人）中，并根据体验进行修正。虽然感知运动阶段是四个阶段中最短的，但皮亚杰又将其分为六个亚阶段。但这并不意外，因为从出生到2岁，儿童的大脑会经历一生中最多的变化。而认知活动又与大脑变化紧密相连，因此在出生后的头几年，儿童必定会经历这么多阶段。

在感知运动阶段，儿童会学习两项重要技能：客体永久性和表征。表征是用于指代其他事物的事物。例如，当儿童骑在一根棍子上，假装棍子是马，那么棍子就表征了马的概念。同样，"马"这个字也是实际动物马的表征。能够想象不存在的物体并用其他物体或单词来表征某些物体对后期发展十分关键。感知运动阶段可以细分为六个亚阶段。

第一亚阶段为反射的精细化，出现在婴儿从出生到1个月。婴儿刚出生时伴随有一套简单反射。如果把物体放到婴儿嘴边或嘴巴里，他们就会吮吸（吮吸反射）。如果触碰婴儿一侧的脸颊，他们就会把头转向这一侧（生根反射）。如果有物体碰到了婴儿的手掌，他们就会合上手指握住物体（抓握反射）。这些反射很有用，对婴儿的生存也很关键。例如，当母亲将乳头放到婴儿嘴里时，婴儿就可以转向母亲吮吸乳汁。

起初，这些反射很低级。婴儿会不加选择地吮吸各种物体，他们对乳头和指尖的反应相同。但在出生后第1个月中，婴儿开始有选择地吮吸。婴儿的抓握反射也会经历相似的变化，通过触摸他们会体验到各种各样的物体。

通过在环境中探索，婴儿逐渐适应各种形式的刺激。尽管这是人类生命中最为被动的时期（1个月大的婴儿做不出这么多行为，他们的睡眠时间很长），但与环境之间的积极互动促使婴儿适应环境，进入下一个亚阶段。

第二亚阶段是初级循环反应，出现在1~4个月。循环反应指的是在这一亚阶段行为的重复性。早期的反射在经过良好的训练之后相互结合，形成更为复杂的行为，如果婴儿发现这些行为令人满足，就会不断重复。例如，如果婴儿抓起一个玩具并且成功放到嘴里吮吸，他们就会再次尝试这样做（假设吮吸这个玩具令婴儿愉悦）。

由于组合反射比单独反射更为复杂，这些行为大多都是随机的。这也许就是为什么婴儿试图严格按照顺序重复这些令人满足的行为。大多数行为组合都不会产生

图中的孩子6个月大。到2岁时，他将能够区分自己和其他物体，也能够思考自己的行为，不会仅仅因为抓球有趣就这样做。

积极结果，而那些产生积极结果的行为会被精确地重复，因此限制了婴儿会做出的探索行为。

此外，婴儿只会重复与自己身体有关的动作。他们对那些会影响到周围环境中物体的动作尚不感兴趣，到下一亚阶段才会产生兴趣。

第三亚阶段包含二级循环反应，出现在4~8个月。与第二亚阶段一样，有趣的行为重复出现。但现在，这些行为造成的结果不仅体现在婴儿的身体上。例如，婴儿也许会觉得把玩具扔到地上非常有趣。当别人把玩具还给他们后，他们又会一遍一遍地扔出去。第三亚阶段与第二亚阶段的关键区别在于，周围环境中的物体成为兴趣焦点。

皮亚杰不认为这一阶段的婴儿已经形成了真正的目标。尽管婴儿会重复有趣的行为，但皮亚杰认为这些行为并不出自他们真正的意愿。婴儿只是在条件允许的情况下做一些可能完成的事情（如捡起并丢掉玩具），这不同于婴儿希望得到一个玩具，这样他们就能够扔出去。到目前为止，计划能力还未出现。

第四亚阶段通常出现在8~12个月，在这一阶段婴儿会协调和扩展二级反应。在

第四亚阶段，婴儿通过结合两个及两个以上的动作做出越来越复杂的行为来达到预期目标。举一个简单的例子，婴儿会为了拿回物体而移开障碍物。这两个行为（移开障碍物和拿回想要的物体）被协调成一个有效的行为链，在皮亚杰看来，这标志着导向行为的出现。现在，婴儿能够做出一些必要的初级动作来实现预期结果，并初步具备了计划能力。

另一个重要的发展方面就是客体永久性的出现。如果在处于第四亚阶段的婴儿面前用手握住一个小物体，他们不会表现得好像这个物体从地球上消失了一样。相反，他们会意识到物体还在那里，并期待地看着你的手，等待物体再次出现。

但婴儿还没有完全意识到客体永久性。处于第四亚阶段的婴儿在寻找隐藏起来的物体时仍然会出错。一个经典的例子就是A非B错误。假设你有一个玩具和两个盒子，玩具可以被藏进盒子里。在第四亚阶段之前，如果玩具完全消失在视线中，婴儿便不会去寻找，而第四亚阶段的婴儿会去藏玩具的盒子里寻找玩具。你可以把玩具藏在同一个盒子（盒子A）里两三次，婴儿总是能找回来。在几次尝试成功之后，你可以把玩具放进另一个盒子（盒子B）。即使婴儿看到玩具被藏在盒子B里，他们仍然会去盒子A里寻找玩具。

皮亚杰认为，这是因为物体仍然与婴儿的行为密切相关。他们在盒子A中多次成功找到了玩具，因此会在成功找到物体的位置再次尝试，尽管他们看到物体已经被藏在另一个位置了。无论他们之前在盒子A中做了什么都是成功的，都会导致找回物体的结果，因此他们再次尝试这个动作，期望得到相同的结果。婴儿知道物体仍然存在，但还不了解物体独立于他们的行为而存在。

第五亚阶段开始于12~18个月，此时婴儿会出现三级循环反应。与之前的循环反应一样，三级反应也包括重复行为，但还包括对物体进行实验以探索其属性。例如，婴儿不仅会扔玩具，还会观察玩具被扔时的不同状态；或者婴儿会用不同的方式摇同一个拨浪鼓，产生不同的声音。婴儿没有重复相同的动作，而是重复类似的动作，通过改变动作来产生不同结果。对于这个阶段的婴儿来说，新奇因素很重要。

从初级到二级再到三级循环反应突出体现了婴儿期的重要发展。起初，婴儿只关注与自己身体相关的行为（初级反应）。慢慢地，他们开始对环境中的结果感兴趣

（二级反应）。到了第五亚阶段，他们意识到改变行为可以造成新的结果。为了理解世界，我们必须进行实验探索。这种与世界互动的新方式为婴儿提供了进一步发展所需的刺激。

第六亚阶段开始于 18～24 个月，在这一阶段，心理组合和表征出现。最后一个亚阶段标志着感知运动阶段的结束。根据皮亚杰的理论，在出生后的前两年，婴儿的思考只涉及动作。尽管从 1 岁左右婴儿就开始学习单词，但此时语言尚未被用作思考工具。但在第六亚阶段，婴儿开始内化自己的动作。例如，皮亚杰曾将一条小手链藏在火柴盒里，盒子半开着，让他的女儿露西安娜能轻易取出手链。露西安娜可以把盒子翻过来，这样手链就会掉出来。几次过后，皮亚杰依旧将手链藏进盒子里，但这次把盒子完全合上之后再还给露西安娜。露西安娜又把盒子翻过来，但手链没掉出来，于是她全神贯注地盯着盒子。

接着，露西安娜多次张开闭上嘴巴——一开始只是微微张开，但后来张得更大。露西安娜似乎想要打开盒子，但做不到，于是用嘴部活动代表自己的想法。露西安娜张开的嘴巴代表心中的期待——盒子应该被打开——而不是她应该做的动作。关键在于露西安娜在脑海中内化了在自身所处的环境中所期望得到的结果。

在第六亚阶段，婴儿以表征的形式逐渐内化动作和感觉。他们开始通过动作的表征而不是动作本身进行思考，这为下一发展阶段，即前运算阶段奠定了基础。

前运算阶段

尽管在出生后的前两年婴儿已经取得了长足发展，但处于前运算阶段的婴儿只是刚刚开始理解世界。在前运算阶段，即儿童 2～7 岁，发展主要体现在表征能力的显著提升，即运用象征和符号表征物体及事件的能力上。

皮亚杰区分了象征和符号。象征具有个人色彩，只对某个儿童有意义，对其他儿童或成年人来说没有意义。例如，一个儿童在游戏时可能会用一个特殊的木块代表房子。通常儿童选择的象征与它们所代表的物体具有某些相似性。例如，儿童不会用球来代表房屋，但作为苹果的象征物就很合适。象征的个人色彩限制了其用途。除非儿童明确告知，否则我们无法明确地知道某个特殊的木块、球或其他物体代表什么。

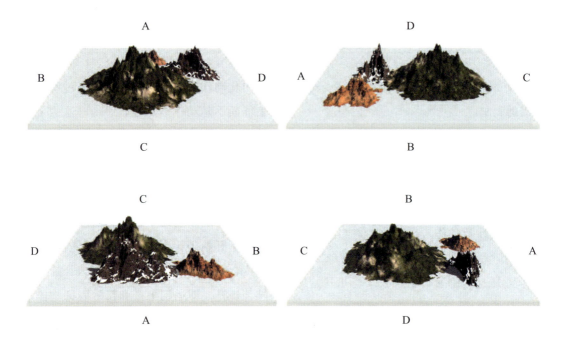

图为三山实验。桌上有三座形状、颜色、特征各异的纸山，桌子的四边被标上了A、B、C、D。接受测试的儿童先观察模型，之后被要求坐在其中一边，然后把一个玩偶放在另一边。接着，研究人员向儿童展示一系列从不同角度拍摄的纸山图片，让他们从中选出玩偶看到的纸山模样。上图展示了从四个角度分别看纸山的样子。这一测试用于说明学龄前儿童（2～4岁）的自我中心。

> 处于第五阶段的婴儿好奇心、期望、目的灵活性都更加强烈……有助于婴儿更好地理解客体永存性、因果关系和空间位移。
>
> ——玛格丽特·博登（Margaret Boden）

但符号是许多人共用的表征。语言就是一个很好的例子。符号通常与其代表的物体不具有相似性，例如，"房屋"这个单词就与我们称作房屋的结构毫无相似之处，只是人们公认的用于指代他们所居住的建筑物的单词或语音组合。尽管符号与其指代的物体之间缺乏相似性，但却比象征用途更强大，因为符号能够快速、有效地传达意义。

从象征转向符号提高了儿童从他人那

里获取信息的能力，但皮亚杰的自我中心沟通也阐释了这种转变缓慢且困难。皮亚杰认为学龄前儿童具有自我中心的特点，不是因为他们只关心自己，而是因为他们难以站在别人的角度思考问题。尽管学龄前儿童也会使用语言等符号，但他们使用这些符号的方法对他人来说不一定有意义。下面的"对话"展示了两个学龄前儿童运用语言的典型例子。

儿童1："我的房子是砖建成的。"

儿童2："我有一只猫。"

儿童1："我的房子有很多窗户。"

儿童2："我的猫喜欢吃鱼。"

儿童1："我的房子有一个门。"

每个孩子说的句子都有意义，并且轮流发言，但并没有在交流。他们在进行两段独白：一段关于房子，另一段关于猫。

自我中心可以通过三山实验来证明。桌上放有三座大小、形状、颜色、特征各异的纸山。接受测试的儿童先观察模型，之后被要求坐在其中一侧，然后研究人员把一个玩偶放在另一侧。接着，研究人员向儿童展示从不同角度拍摄的纸山照片，让他们从中选出玩偶看到的纸山是什么样的。

处于前运算阶段早期（2~4岁）的儿童无法选出正确的图片，而是会选自己眼中纸山的样子。6岁的儿童能做得更好，但只有7~8岁的儿童才能够"把自己放在"玩偶的位置思考问题。

从前运算阶段开始直到7岁左右，儿童逐渐学会从他人的角度看事情。拥有这一能力有很多好处，其中一个就是能与他人进行有意义的交流。

处于前运算阶段的儿童的另一个局限性体现在他们无法表征转变，即物体物理排列的变化。如果将液体从短粗杯子倒入细长杯子中，处于前运算阶段的儿童通常会认为高杯子中的液体变多了。因为他们只关注一个维度——高度，而忽略了另一个同样相关的维度——宽度。一个量（如体积、数量或面积）以不同方式进行排列仍保持不变称为守恒（conservation）。理解守恒需要能够进行皮亚杰所谓的补偿。补偿类似于"杯中液体变高了，但变窄了"，它是具体运算阶段中运算思想出现的标志。

具体运算阶段

具体运算阶段出现在7~11岁。皮亚杰认为，"运算"指的是按照逻辑法则处理信息的心理活动。上一个阶段不存在运算，因此被称作前运算阶段。在具体运算阶段，儿童通过运算能够形成事物运作的心理表征，但必须与可观察到的现象有关，这就是为什么称之为具体，而不是抽象。

守恒问题解释了具体运算是如何进行的。向儿童提问两个装满液体的相同容器中的液体含量是否相同，如果他们认为不同，实验人员就会加入液体直到他们认为两个容器中的液体一样多。接着，研究人员将这两个容器中的液体倒入另外两个形状不同的容器中，一个容器高但口径小，另一个容器矮但口径大。前运算阶段的儿童只关注一个维度（通常是高度，但有时是宽度），表示其中一个容器里的液体更多。但处于具体运算阶段的儿童会说两个容器中的液体一样多。为了评估儿童是否真正理解问题，他们需要给出相应的理由。一个典型的理由就是液体的身份："这是同一份液体，并未倒入或倒出液体。"给出这个答案表明儿童理解了外观变化（细长对宽矮）并不影响液体的量。

> 具体运算是指主体能够有意识地运用技巧协调自身行为的行动。
>
> ——皮亚杰和英海尔德（Inhelder）

另一个回答提到了转变的可逆性："如果你把两杯液体倒回去，它们还是一样

的。"给出这一回答说明儿童理解了动态转换。让液体变得更高更窄的条件是可逆的，所以液体的量保持不变。最后，儿童还有可能用补偿来解释："液体虽然高度变低了但口径变大了，因此量仍然保持不变。"这一回答也能体现出儿童理解了动态转换。他们明白，考虑一个维度的变化时不能脱离另一个同等重要的维度的变化。

具体运算的能力增加了儿童学习的可能性，他们能够同时探索物体的多种属性而不仅仅是单一属性。尽管儿童的认知功能有了提升，但仍然有限。首先，儿童只能对可观察到的属性进行运算，对引力、

这个6岁的儿童在认真进行皮亚杰守恒实验。守恒是一种认识到两个量无论以何种方式呈现都保持不变的能力。在上图中，细长杯子中的液体与矮宽杯子中的液体一样多。处于前运算心理发展阶段的儿童通常会说细长杯子中的液体更多，他们在计算时没有将杯子的口径考虑在内。

正义、真理等抽象概念仍然难以理解。

其次，计划能力也很有限。当儿童探索更复杂的问题时，他们无法进行系统思考，仍然需要大量试错过程，还会经常重复操作。这些限制到发展的最后一个阶段就消失了，那时儿童开始思考自己的思维。换句话说，儿童开始运算自己的运算——或形式运算——这是最为复杂的思考形式。

形式运算阶段

或许人类智能最重要的特征就是思考自身的能力。法国哲学家勒内·笛卡儿（René Descartes）认为所有真理都源于人们认识到自己在思考。他的名言"我思故我在"暗示了人能意识到思考活动（我知道我在思考，因此我才知道我是谁）。

对思维进行思考的能力被称为元认知（metacognition），即对认知的认知。元认知是最为复杂的思维形式，标志着皮亚杰发展理论的最后一个阶段。有了形式运算能力，11岁及以上的儿童（和成年人）就能够思考可能发生的事件，而不像具体运算阶段的儿童那样，仅能思考实际发生的事件。这意味着一个重大转变。如果你能够想到多种方法来解决一个问题，那么制订计划执行任务就会容易得多。如果不受直接可感的世界束缚，儿童就能够理解正义、自由等抽象概念。形式运算对科学领域大有用处。皮亚杰及其同事开展了种种科学实验评估形式思维，其中一个典型任务就是化学组合问题。

首先，他们给孩子展示4个容器，每个容器装着不同的物质。接着他们给孩子展示第5个容器，混合了这4种物

法国哲学家勒内·笛卡儿对西方哲学产生了深远影响。他的名言"我思故我在"强调了思想的重要性，以及对思考的意识，他认为这是人类存在的关键特征。思考思维的能力是皮亚杰发展理论最后一个阶段的重要标志。

焦点

皮亚杰发展阶段

阶段	年龄	主要变化
感知运动阶段 （细分为 6 个亚阶段）	出生至 2 岁	・从自己的身体转向外部世界 ・象征出现 ・客体永久性
前运算阶段	2 ~ 7 岁	・符号出现 ・关注单一维度 ・自我中心思维
具体运算阶段	7 ~ 11 岁	・心理运算出现 ・获得守恒 ・有限计划
形式运算阶段	11 岁之后	・抽象思维 ・有效计划 ・元认知

质中的一种或几种，向其中滴入特殊的化学物质会变成黄色。孩子的任务就是找出这 4 种物质中的几种或全部如何进行组合能够得出变黄的结果。孩子们可以任意混合，尝试次数不限，并且可以在任何时候加入特殊化学物质进行验证。

具体运算阶段的儿童无法设计出合乎逻辑的有效办法来解决问题。他们会尝试

一些情况，但也会漏掉一些情况，经常会有重复，并且一旦试出黄色就停止实验。然而，处于形式运算阶段的儿童会提前思考所有可能的组合来设计实验，然后进行系统测试，在第一次试出黄色后也不会停止。事实证明，这种方法卓有成效，因为在皮亚杰的实验中有两种情况都能得出黄色结果，因此儿童无法辨别一开始他们看

到的是其中哪一种情况。具体运算阶段的儿童很确定自己找到了答案（因为他们一旦试出黄色就停止实验），而处于形式运算阶段的儿童则不同，他们将可能性缩小到两种情况。

下面的图片展示了儿童在化学组合问题上可以尝试的所有可能的情况。要使混合物加入特殊化学物质后变黄，必须包含物质 A 和物质 B。当物质 C 存在时，混合物不会变黄。物质 D 呈中性，对结果无影响。因此，儿童一开始看到的组合可能是 AB 或 ABD。尽管儿童无法对"最初的组合是什么"这一问题给出确切答案，处于形式运算阶段的儿童却能够找出实验的潜在逻辑，这是很复杂的过程。

A	⬛
B	⬛
C	⬛
D	⬛
AB	🟨
AC	⬛
AD	⬛
BC	⬛
BD	⬛
CD	⬛
ABC	⬛
ABD	🟨
ACD	⬛
BCD	⬛
ABCD	⬛

图为皮亚杰化学组合问题中的 4 种化学物质的颜色以及所有可能的组合，用于测试儿童的形式运算思维。

关键术语

- 同化——塑造接收信息的机制，会导致失真。
- 顺应——调整表征的机制，减少信息失真。
- 平衡——平衡同化和顺应的机制。
- 平衡状态——理想的认知状态，同化和顺应保持平衡，信息得到充分表征，失真程度最小。
- 抽象——使儿童当前的思维结构变得更为复杂的心理过程。

虽然形式运算阶段是皮亚杰发展理论中的最后一个阶段，但这并不标志着思维的结束。事实上正相反——因为儿童和成年人不再局限于眼前可感知的世界，他们就可以产生无限的思考。

从最初的感知运动阶段开始，儿童经历了许多变化。还记得婴儿把红球当作自己行为的延伸，并且"认为"是因为自己想要看到这个红球所以才看得到吗？婴儿从这种受限于自身行为、极其简单的思维方式发展到可以进行想象、出现极为复杂的思维方式，复杂到成年人也只能推测他们的想法。

变化机制

与维果茨基不同，皮亚杰认为发展中的所有变化都是由一套机制控制的。皮亚杰所说的"机制"并不是机器部件，而是取得指定结果的过程。皮亚杰认为，形成儿童认知结构的基本机制包括同化（assimilation）、顺应（accommodation）、平衡（equilibration）和抽象（abstraction），并将前三种机制称为功能不变式，因为在整个发展过程中三者的功能相同，并且不因经验的变化而调整或改变。

同化

当儿童接收到信息时，他们会调整信息以适应其现有的认知结构——皮亚杰将这一过程称为同化。打个比方，想象一下你把水倒进玻璃杯中会发生什么。水会变成玻璃杯的形状，而玻璃杯保持不变。

这个小孩可能把所有动物都叫成家里宠物的名字。皮亚杰将这种塑造接受信息的机制称作同化。同化可能会造成失真，而顺应可以减少失真，顺应使孩子认识到不是所有四条腿的动物都叫菲多。

从本质上讲，这就是同化。儿童接收信息，并根据原有认知结构进行调整。在同化过程中，信息失真了。例如，想象有一个孩子从小家中有一只叫菲多（Fido）的狗。有一天，这个孩子在公园里见到了另一只狗，也叫它菲多，这只陌生狗狗就被同化成了孩子家中的宠物狗。想象这个孩子又遇到了一只小猫，也叫它菲多。孩子已经形成了一种思维结构，认为"菲多"代表了所有的猫和狗，甚至有可能还代表了其他四条腿、毛茸茸的小型动物。儿童需要改变表征结构才能区分不同的狗、猫和其他动物，使这种改变发生的机制就是顺应。

顺应

假设你把水倒入气球里，水会改变气球的形状，使其拉伸。同时，水也会呈现气球的形状。水和气球时刻塑造着彼此。这在本质上就是一种顺应，一种"拉伸"思维结构以容纳新信息的机制。和同化一样，过度顺应也不好。例如，儿童每碰到一个新动物都要记住它们的名字，这毫无意义。最好先划分几个大致类别，如狗和猫，然后再加几个个例，如家养宠物菲多，街尾那只咆哮的猎犬布鲁图（Brutus），以及邻居的猫汤姆（Tom）。

平衡

任何阶段的变化都是为了达到一种平衡状态。当儿童现有的思维结构能够处理大部分新遇到的情况时，他们就处于一种平衡状态。平衡（达到平衡状态的过程）是在同化和顺应之间取得平衡，平衡的过程能够改善儿童的表现。它评估同化造成的失真程度，并做出必要的顺应以减少失真。随着时间的推移，认知结构稳定在一个理想状态，这也标志着一个阶段的结束。

幼儿的理想状态不一定和年龄更大的儿童完全一样。前运算阶段的儿童在液体守恒测试中表示较高的杯子中有更多水。当成年人指出这个杯子更窄，较矮的杯子更宽时，儿童会说："是的，但那个杯子更高，所以有更多水。"儿童十分满意这个解释，因为他们不理解高度和宽度之间的关系，也看不出成年人所说的与这个问题有什么相关之处。

> 同化和顺应明显是对立的……正是心理活动，特别是智力使二者相互协调。
>
> ——让·皮亚杰

此时再多顺应也没什么用，因此我们可以说儿童处于平衡状态，对自己有关世界的理解十分满意。但随着时间的推移，这种思维结构的局限性导致他们无法解决其他类似的问题。一次次失败的累积会造成皮亚杰所说的失衡，进而促使结构发生变化，帮助儿童进入下一阶段。

要点

- 认知发展是一个逐步产生更完善的平衡状态的过程。
- 在任何阶段发生的主要变化都涉及同化和顺应的平衡。
- 当达到平衡状态时，一个发展阶段就结束了。
- 随着时间的推移，当前阶段的局限性会累积，并促使认知结构发生改变。
- 通过抽象形成新的结构，使发展进入新的阶段成为可能。在新的阶段中，我们可以达到新的平衡状态。

抽象

从一个阶段向另一个阶段的发展是通过抽象机制实现的。抽象以原有认知结构为基础创造出一种新的结构，但在过程中会试图修正原有结构中造成失衡的局限性。原有结构被新结构同化，新结构顺应原有结构以消除之前的局限性。然而，在这个复杂的过程中，平衡会保证同化和顺应之间保持理想的平衡状态。

对皮亚杰理论的评价

皮亚杰对儿童发展研究做出了巨大贡献。关于儿童测试问题，皮亚杰认为应该让儿童对自己的行为进行解释。和维果茨基一样，皮亚杰认为表现评分提供的信息有限。皮亚杰的研究重点在于儿童的错误，这让人们对儿童潜在的思维过程有了更清晰的认识。在研究方面，皮亚杰设计了一系列巧妙的任务来研究儿童的推理错误。客体永久性和守恒实验十分经典，并且容易复制。如果你让一个 4 岁的儿童进行液体守恒任务，你也会得出和皮亚杰相同的结果。皮亚杰设计的大多数任务都取得了颇具价值的研究成果。

> 生命就是不断创造日益复杂的形式，并不断在这些形式和环境中保持平衡。
>
> ——皮亚杰

尽管皮亚杰的理论产生了重大影响，但也遭到了许多心理学家的严厉批评。这并不奇怪，因为皮亚杰的理论过于宏大。很多研究人员认为皮亚杰提出的变化机制的定义过于模糊，无法实际应用；还有许多心理学家认为同化和顺应的含义并不清晰，平衡和抽象更是令人费解。

人们还发现，同一阶段内的儿童某些能力的发展速度并不相同，这对皮亚杰理论造成了更大的冲击。皮亚杰认为，儿童通过一个统一的心理结构形成思维。如果真是这样的话，所有儿童将在相同的年龄解决所有守恒问题；然而，有些守恒问题儿童在 6 岁就能解决，但其他问题需要到 10 岁左右才能得到解决。

许多研究人员部分甚至全部否定了皮亚杰的理论，还有其他理论挑战了皮亚杰的一些观点，如统一认知结构的概念。尽管这些批评颇具道理，但皮亚杰的理论仍然不失为解释儿童思维发展最为大胆的尝试。

第五章　记忆发展

只有年轻人才无所不知。

——奥斯卡·王尔德（Oscar Wilder）

人们想当然地认为自己对自己的身份了如指掌，但你是否想过人是如何知道自己是谁的呢？你是否因从未忘记过自己的身份而惊诧不已？你是否想过人是如何认识自己的？婴儿知道自己的身份吗？他们的记忆是什么样的？记忆又是如何发展的？

能否阅读并理解这句话取决于你的记忆。如果我们读到句子结尾就忘记了开头，那么所有句子都会失去意义。不仅如此，我们还必须记得句子中每个单词的意思。毫无疑问，阅读依赖记忆。同理，几乎所有人类机能与意识都依赖于记忆。

恩德尔·托尔文的主要研究领域是大脑及记忆如何工作。他将记忆分为两类：语义记忆（包含抽象概念和事实）和情景记忆（包含个人经历）。他的案例研究有力地证明了大脑的不同部位参与了这两种不同的记忆过程。

内隐记忆和外显记忆

在日常对话中，记忆往往指两个互相关联的方面：储存信息和检索信息。然而，心理学家恩德尔·托尔文（Endel Tulving）指出，即使人们知道自己拥有某样东西，也不见得次次都能找到它。寓言故事"不幸的蜈蚣"就是一个很好的例子。一位科学家问蜈蚣，拥有这么多条腿如何才能走得优雅。蜈蚣试图解释每条腿的步行位置，但由于太复杂，自己都说不清楚。最

终，蜈蚣困惑不已，心生绝望，好几条腿相互缠绕，形成死结。虽然蜈蚣清楚地知道（或者内心隐约知道）该怎么走，但是它无法将这一过程显化，也就是无法为外人道也。

婴儿的记忆正如蜈蚣对行走的认知，是内隐的而非外显的。人类婴儿没法刻意检索记忆并用语言表述。显然，婴儿在习

得语言能力前无法用语言表达任何东西。这给心理学家研究婴儿发展带来了一些问题。但下文将介绍几种研究婴儿内隐记忆（implicit memory）的巧妙方法。

许多成年人的记忆也是内隐的，不是因为他们没学过对应的表达，而是因为某些记忆没有对应的单词。如骑自行车，如果只听别人讲述如何在自行车上保持平衡，你是学不会的，学会骑车之后也没法告诉别人怎么骑。归根结底，骑车只是身体的内隐技能，无法显化。

要点

- 记忆储存主要有三种类型：感觉（回声）记忆（sensory memory/echoic memory）、工作（短时）记忆（working memory/short-term memory）、长时记忆（long-term memory）。
- 婴儿记忆与大脑结构的发育相关。
- 婴儿记忆的发展有三个主要阶段：短暂记忆（出生至 3 个月）、辨别熟悉的事物（3~8 个月）、更抽象的记忆（8 个月至 1 岁）。
- 2~6 岁的儿童学习速度很快，在语言学习方面尤为明显，但跟年龄更大的儿童和成年人相比，他们的记忆可靠性更低，更易受影响。
- 年龄更大的儿童在学习记忆策略、获取更多知识的过程中，记忆力会增强。

下面的表格展示了记忆储存的三种主要类型。在研究中，测量工作记忆和长时记忆相对容易。感觉记忆在本质上更为主观、短暂，难以量化。在婴儿学会说话前测量其记忆发展是心理学家面临的另一挑战。

	感觉记忆	工作记忆	长时记忆
别称	回声记忆	短时记忆	无
持续时间	小于 1 秒	小于 20 秒	永久，无限期
稳定性	转瞬即逝	易受干扰	不易受干扰
容量	有限	有限（7±2 个组块）	无限
整体特点	瞬时，潜意识印象，短暂的感觉或联想	积极关注的对象，直接的意识	个人知识总和，包括外显知识（可用语言表达的）和内隐知识（技能）

记忆的类型

心理学家认为，记忆储存主要有三种类型：感觉记忆、工作记忆和长时记忆。

感觉记忆是指对视觉、听觉、触觉、味觉及嗅觉等感官刺激产生的效果。研究表明，即使我们没有注意到某一刺激或者刺激消失之后，感觉记忆仍然存在。部分研究人员把这种记忆称作回声记忆，因为这种记忆会像回声一样留存。

当人注意到刺激，或者说意识到刺激时，这一刺激就变成了短时记忆。短时记忆是指我们在任何时候都能立刻有意识的东西。在人们思考和理解时，大脑需要短时记忆某些东西。因此，短时记忆也被称为工作记忆。例如，要想理解一句话，我们在读到句尾的时候需要记住句子的开头，这一过程依赖于工作记忆。

工作记忆非常有限：只能持续数秒（往往低于 20 秒），对成年人来说就是 7 个左右的组块。

"这只蜥蜴的名字是阿道夫（Adolphus）。"如果这句话很重要，你很想把它背下来，那么你可能会再读一次，然后自己进

在学习骑车的过程中，孩子用的不是外显记忆（explicit memory），而是内隐记忆。这个小女孩通过实践学会骑车，但却不能跟别人准确描述或解释她正在做的事情。

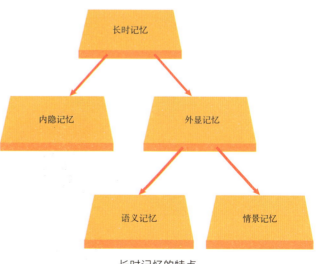

长时记忆的特点

行多次的重复。这个过程称为复述。或者，你可能会把自己认识的某个阿道夫跟这只蜥蜴联系起来，这个过程称为精加工。再或者，把这句话与已有信息组织起来，以其他浅显的方式来记住它。复述、精加工和组织是把信息从短时记忆转换为长时记忆最重要的三种策略。心理学家用编码来描述将信息加工成为长时记忆的过程。

长时记忆包括我们对世界相对永恒的认识和对自己、对他人及对事物方方面面的认知，它代表了所有过往经历带来的相对永久或长期的影响。其中有一些是外显信息，可以通过词汇表达；有一些是内隐信息，无法通过词汇表达。内隐记忆也被称为非陈述性记忆，因为它包含不可用言辞表达的记忆，如走路、系鞋带等技能。外显记忆有两种类型，分别涉及大脑的不同部位。语义记忆由抽象信息组成，如你从学校里学到的加法或乘法等。情景记忆包括构成个人经历的记忆。长时记忆对我们认识自己的身份非常重要，我们所有技能、习惯、能力及身份等抽象信息都储存在长时记忆中。丧失记忆的人，如阿尔兹海默病患者，最终可能会丧失日常生活所需的最基本的能力。

婴儿的记忆

由于婴儿无法用词汇表达他们的记忆，研究人员设计了多种方法探究经历如何影响婴儿和婴儿记得什么，其中一个重要的方法是测量定向反应。人类与狗在打盹时具有相似的定向反应。狗看似睡着了，但如果听到感兴趣的东西发出声音，就会竖起耳朵，如狗喜欢追逐路过的车或鸟。定向反应让狗随时待命，理解新的刺激源并做出反应。在某种意义上，这种反应帮助狗确定方位。

同样，当新刺激出现时，人类也会做出定向反应。虽然我们不会明显地竖起耳朵，但会出现其他变化：心率减慢，瞳孔放大，皮肤微微出汗更易导电。这些变化很细微，但使用恰当的测量仪器都可以一一测出。

婴儿也会做出定向反应。新刺激会导致他们的心率发生可测量的变化，有时候他们也会做出抬头等肢体动作。

研究婴儿记忆的心理学家之所以要测量定向反应，是因为当刺

这只狗貌似睡着了，但一旦有人走过或有食物出现，它就会立即清醒。这展示了它的定向反应。定向反应也出现在人身上，只是表现形式不同。

激不再新奇，或者说，当婴儿习得并记住某种刺激后，定向反应就不再发生了。

在一项研究中，出生不满 24 小时的婴儿被放在只有单个单词发音的环境里。一开始，他们每次听到声音都会转向声源。但过了一会，他们就不再转头了。他们已经习惯（熟悉）了这个单词，不再有新奇感了。但是，一天后他们再次听到同一个单词时，又做出了转头的动作，但相较于另一组年龄相仿但此前从未听过这个单词发音的婴儿，他们熟悉得更快，这证明婴儿也有学习能力与记忆力。

模仿

婴儿的模仿能力提供了另一种研究记忆力的方法。该观点认为，婴儿的模仿行为证明了他们能够记住该行为。在多项研究中，人们趴在婴儿床边噘嘴、伸舌头或眨眼。在一些研究中，调查者声称，某些出生不满 1 小时的婴儿会做出眨眼、伸舌头或噘嘴等反应。但在这些研究中，婴儿是否真的在模仿仍未能确定。伸舌头和噘嘴可能仅仅是人靠近时做出的反射（自动）行为。这一观点的依据是婴儿似乎无法模仿任何其他更为复杂的行为，而且当人离开时，他们也不再继续模仿这些行为。但 9～12 个月大的婴儿可以模仿不在场的人的行为。让·皮亚杰认为，延迟模仿明确证明了孩子有记忆的能力，即在脑海中呈现的能力。

这个 16 个月大的儿童能够模仿妈妈，即使妈妈不在身边，他也能继续模仿。这说明他能够记住妈妈的表情。

可控行为

若研究对象是大一点的婴儿，我们则可以通过观察他们的可控行为来研究其记忆力。在早期的一项研究中，皮亚杰把绳子的一端缠绕在他儿子的大脚趾上，另一端连着婴儿床上的悬挂物，这样一来，每次婴儿踢脚，悬挂物就会跟着移动。皮亚杰解释道，刚开始婴儿只是随意晃脚，与悬挂物无关。但很快婴儿就会意识到脚的运动与悬挂物的运动之间的关系，通过大幅度晃动脚来晃动悬挂物。

假设现在要测试猴子的记忆力，我们该怎么做呢？鉴于猴子跟婴儿一样无法说话，同样的研究方法是否适用于猴子呢？研究表明答案是肯定的。测试猴子记忆力最常用的方法就是所谓的"延迟性非配对样品"，在这个过程中，研究人员向幼猴（或人类婴儿）展示一个样本物体，如一个小盒子，如果婴儿拿到这个盒子，他们就会获得奖励。然后，研究人员把盒子拿开，过一会儿再把盒子放回来，同时出现的还有另一个不同的物体，如一只泰迪熊。现在，婴儿只有拿到新的物体才会得到奖励。这个过程将持续进行，形成一系列的试验，各种新物体与旧物体成对出现。婴儿们只

有拿到新的物体，而非原来的物体时，才会获得奖励。

> 不管你能活多久，头二十年都是你生命中最长的半生。
>
> ——罗伯特·索锡（Robert Southey）

要完成延迟性非配对样品的任务并不容易，至少需要 3 项能力：学习并记住规则（即拿到新物体才能获得奖励）；记得哪个物体更熟悉，从而辨别出新物体；朝着预期方向拿到物体。不满 4 个月的幼猴往往无法完成这 3 个任务，而人类婴儿比猴子发育得更慢，在 1 岁前都难以很好地完成这些任务。1 岁的婴儿需要参加多场试验才能学会规则，即使到了 5~6 岁，他们的典型表现也比不上普通成年人。

A 非 B 错误

A 非 B 错误试验证明了婴儿发展工作记忆的年龄。如果你向一个成年人展示某个物体，如戒指，然后在他们面前把它藏在枕头下（A 枕头），他们会毫不费力地伸手去拿，这对 4~5 个月大的婴儿同样没有挑战。

现在，假设戒指藏在 A 枕头下，你快速拿出戒指，再藏到旁边的枕头下 B 枕头），

这一过程同样在成年人和婴儿的面前进行。成年人会毫不犹豫地把手伸到 B 枕头下拿戒指，而婴儿虽然同样看到了事情发生的顺序，却会把手伸到 A 枕头下而非 B 枕头下（这就是该试验名称的由来）。8 个月左右的婴儿才会坚定地选择 B 枕头，前提是物体刚被藏起来没多久。如果把物体藏起来，8~10 秒后才让婴儿开始找，不满 1 岁的婴儿几乎都不能正确选择 B 枕头。

A 非 B 问题有效地测试了记忆力，婴儿必须记住物体所藏的地点才能找到它。该任务测试了婴儿的工作记忆，还证明了大脑的变化与记忆发展之间的关系。

早期大脑发育

在刚刚出生的几个月内，婴儿大脑的某些区域会有明显发育。在出生后的头几个月里，婴儿的大脑会快速发育。婴儿的

案例研究

K.C. 的摩托车

心理学家恩德尔·托尔文有一位患者叫 K.C.，他在骑摩托车时一个急转弯撞上了一棵树，造成了严重的脑损伤。在后续的康复过程中，他去看了心理医生。K.C. 在 30 岁那年发生了这场事故，但在身边人看来，

多项研究以头部或大脑受伤的交通事故受害者为对象，有力地证明了大脑的不同部位产生不同类型的记忆。

他仍然是一个阳光机敏的小伙子，看上去与常人无异。他似乎记得学过的所有东西，会下象棋，记得自己的住址、财产、乘法口诀表，以及其他众多的抽象事物，即所谓的语义记忆或抽象信息。

但托尔文很快发现，虽然 K.C. 的语义记忆完好无损，但他的情景记忆或个人经历（又称为自传体记忆）似乎完全消失了。例如，虽然 K.C. 十分确定他父母有一幢别墅，也记得它的位置和里面的一切东西，但他想不起来自己曾经去过那儿。同样，虽然他记得怎么下棋，但他对下棋的时间、地点或者当时在场的人没有具体的记忆。K.C. 的例子有力地证明了语义记忆和情景记忆分属大脑的不同部位。

头部大概是身体其他部分的四分之一；而成年人的头身比例接近十分之一。婴儿的大脑在 2 岁前会继续快速发育，这一现象称为大脑细胞增殖。大脑保护层快速发育，现有神经细胞之间形成大量突触连接，但很少形成新的脑细胞。事实上，2 岁婴儿的大脑中的潜在突触可能比以往更多，因为数十亿未经使用的突触最终会消失——这一过程称为神经元（神经细胞）修剪。

婴儿的大脑相对较大，与成年人的大脑一样主要由三个部分构成：脑干（位于大脑后下方，类似于脊髓的延伸）、小脑（位于大脑后下方，脑干后方）和大脑（从顶部打开头骨能看到的灰质纹状体）。

> 在离开子宫的头一两年里，我们的大脑处于最柔软、最易受影响和接受度最高的状态。
>
> ——大卫·J·达林（David J. Darling）

胎儿和婴儿的脑干及大脑下方其他部位的发育比大脑发育更完善，功能更强，因为脑干跟呼吸、心脏功能、消化等生理活动联系密切。因此，脑干对躯体的存活至关重要。大脑则与感官活动、动作和平衡联系更密切，最重要的功能与思考、语言与讲话有关。

目前已知的大脑与记忆力的关系主要来源于三个方面。第一，由于科技进步，我们可以采用计算机增强技术实时显示大脑的活动图像进行研究。第二，研究动物大脑，而且专门使用非灵长类动物的大脑，通过手术改变动物大脑，并将效果记录下来。第三，心理学家研究患有脑损伤的人。除了其他研究结果，这些研究似乎最终证明了大脑不同的部位与不同的记忆相关。

可以预见的是，婴儿的记忆似乎与大脑不同部位的发育和功能紧密相关。明尼苏达大学发展心理学教授查理·纳尔逊（Charles Nelson）指出，婴儿的初级记忆（primary memory）无法用语言表达，所以称为内隐记忆（他称之为外显前记忆），这些记忆依赖于脑干、小脑等脑部下方的结构。正如前文所述，这些结构在婴儿刚出生时就十分发达。婴儿快 1 岁时，开始形成更为外显的记忆，外显记忆更依赖于大脑结构。

小婴儿的记忆

刚出生几天的婴儿就能够辨别妈妈的声音和味道。多项研究发现，相较于其他人的声音，婴儿更善于记住自己妈妈的声音。同样，相较于其他人的味道，婴儿接触到自己妈妈的味道时反应更加积极。虽然这的确证明了婴儿具有记忆，但这些记忆可能是婴儿出生前获得的，而非出生后习得的，毕竟胎儿的耳朵在出生前几个月就已经完全发育成型了。

但是，即使出生不到一天，婴儿仍然能够学习记忆新东西。想想前文提到的习惯化研究，出生不满一天的婴儿从重复听到单个单词到不再对这个单词做出反应，第二天再次听到这个单词，这些婴儿比前一天习惯得更快。这一研究确切证明了内隐记忆的存在，这种记忆无法用语言表达，却会影响行为。

> ……人们对童年早期记忆的遗忘在很大程度上影响了他们以后生活中的各种反应。从这个意义上说，可能真的存在无意识。
> ——诺拉·s·纽科姆等
> （Nora S. Newcombe et al.）

婴儿的初级内隐记忆转瞬即逝，持续时间很短，除非在学习和参加记忆测试中间得到提醒。例如，婴儿能够轻而易举地在吹气和音调间建立联系。如果我们向婴儿的眼睛吹气，他们会眨眼。如果多次向他们的眼睛吹气，并且每次吹气前都配上独特的钢琴音，那么他们就会很快学会在听到钢琴声时眨眼。即使不再直接对着他们的眼睛吹气，他们也会继续做出同样的反应。这个简单的例子反映出的学习模式称为条件反射。

有趣的是，婴儿早期的这种学习模式可能证明了他们具有记忆力。在此情况下，婴儿在第二天听到音调时仍然会出现眨眼反应，这种情况会持续6天，有时甚至更长。但如果后期我们不提醒婴儿这种联系的存在，即出现音调后不再向他们吹气，很快婴儿在听到音调后也不再做出眨眼反应。

新泽西罗格斯大学的卡罗琳·罗维·科利尔（Carolyn Rovee-Collier）和她的同事近期做了多项研究，同样表明婴儿能够学习和记忆。这些研究基于皮亚杰做的3个月的婴儿踢动悬挂物的实验。婴儿学会用踢脚来晃动悬挂物的一周后，研究人员再次把他们放回婴儿床中，这次他们迅速学会了踢脚。婴儿明显记得自己曾经学过的东西，但正如眨眼反射的研究结果所示，婴儿的记忆是短暂的。如果在接受踢脚训练的两周后才再次被放回婴儿床，婴儿们仿佛完全不记得曾经学过的东西，跟从未见过悬挂物的婴儿相比毫无优势。

在另一个系列实验中，研究人员会提醒婴儿所学的内容，该实验表明婴儿的确记得踢脚与悬挂物晃动之间的关系。在罗维的研究中，研究人员在婴儿接受训练的两周后才把他们放回婴儿床，但没有把他们的脚与悬挂物相连。相反，婴儿刚刚躺到婴儿床上，研究人员就晃动悬挂物。一天后，研究人员再次把婴儿抱到婴儿床里，但这次把婴儿的脚与悬挂物连接起来。婴儿跟两周前一样大力踢脚，这表明他们的确记得踢脚训练。

婴儿记忆的变化

儿童心理学家马里恩·珀尔马特（Marion Oerlmutter）将婴儿的记忆发展分为三个阶段。第一阶段是婴儿出生后的前 3 个月。正如前文实验所示，在这个阶段，婴儿的记忆主要来源于重复性的事件匹配：妈妈和妈妈的声音或味道，悬挂物和踢脚动作。这个阶段的记忆展现了一种简单的学习模式，最显著的特征是这个阶段的婴儿记忆往往极度短暂。婴儿记忆的存储时间确实不如成年人。在前 3 个月，婴儿记忆主要有以下变化：出现新刺激时，神经元放电形成记忆，婴儿熟悉这一刺激后，神经元不再放电，记忆消失。

婴儿记忆发展的第二阶段大约从出生后的第 3 个月开始，这一阶段有两个标志：一是能够辨认相似的物体和事件，二是开始做出有意图的行为。随着婴儿越来越大，他们对物体和事件进一步熟悉。因此，面对这些日益熟悉的物体和事件，他们习惯化（熟悉且失去兴趣的过程）的时间也越来越短。这证明了婴儿在学习和记忆，所以才能够辨认出他们所熟悉的东西。很快，婴儿就会开始积极地寻找物体和人。这个动作不仅说明婴儿的记忆时间变长了，还说明他们的行为是由意图引导的。婴儿反复伸手去抓他们认识的物体或人，说明这些行为是有意图或有导向的，而非偶然或随机反应。

珀尔马特认为第三阶段大约从婴儿 8 个月大的时候开始，在这个阶段，婴儿的记忆发展像成年人一样更加抽象化与符号化。当然，婴儿很快就能用语言表示物体和事件，现在他们会集中注意力去记东西。刚出生 1 周的婴儿记忆力短暂，让他们和 1 岁的婴儿同时记住一个味道或声音，二者是有很大区别的。1 岁的婴儿不仅能够轻易认出家庭成员，如妈妈、爸爸和家里的宠物，还会把他们每个人和其他几十件事情跟他们记忆中的感受、印象，甚至话语相联系。所有这一切都是在忙碌的第一年学习的。然而，1 岁婴儿的记忆与成年人的记忆仍然有显著的区别。

婴儿的世界

心理学先驱威廉·詹姆斯（William James）将婴儿的世界描述为"一片混乱，嗡嗡作响"。他认为，婴儿刚出生的前几周或几个月，感官功能尚未完善。因此，婴儿什么也看不清，什么也听不清，所有东西都是模糊混乱的。詹姆斯的观点至少并非完全正确，现在我们发现大多数婴儿的感官功能在出生时或出生不久后就较为完善了。但詹姆斯说对了一点，那就是婴儿的世界充满了混乱与不确定性。正如皮亚杰后来指出的，从婴儿的行为来看，他们没有意识到物体是长期真实存在的。即使人们没有真正看见或品尝物体，这些物体也会继续存在，婴儿似乎无法理解这一点。皮亚杰说婴儿的世界是"此时此地的世界"。所以，5个月大的婴儿会伸手去拿他们面前桌子上的物体，但一旦在物体上盖上垫子，他们就不会伸手去拿了。

皮亚杰用"眼不见，心不想"来说明婴儿没有客体概念——即婴儿意识不到物体在他们的感官之外也会长期真实存在。皮亚杰解释称，小婴儿想不到无法直接呈现的物体，他们似乎不记得不在场的东西。

阶段	特点
第一阶段（3个月内）	记忆转瞬即逝，持续时间仅有数小时或数日。婴儿的习惯化证明了记忆的存在（婴儿不再盯着物体看或定向反应消失）。重复学习会缩短习惯化的时间
第二阶段（始于3个月左右）	婴儿能够辨认各种物体和人证实了长时记忆的存在。越来越多的证据表明婴儿的行为是有意图的
第三阶段（8个月左右）	在这个阶段，婴儿的记忆更为抽象化、符号化。他们能够集中注意力，有意识地记忆

马里恩·珀尔马特定义了婴儿记忆发展的三个阶段。在第一阶段，婴儿采取非常简单的学习方式。到第三阶段结束时，婴儿开始学说话，可以用语言表达记忆。

有的研究人员不赞同此观点。他们认为虽然小婴儿不会伸手拿刚刚被藏起来的物体，但这不能证明他们没有意识到物体的永恒性。他们可能只是未能形成伸手取物的意向，或者即使他们有意去拿，也可能无法协调所需的所有活动——看，往正确的方向伸手，抓取，又或者婴儿可能只是当时太累或者没有动力。

实验

两种不可能的情况

心理学家设计了多项测试测量婴儿的记忆。皮亚杰隐藏物体的实验测试了婴儿对物体的长期性和真实性的理解。即使看不见物体，婴儿也必须记住它们。要完成任务，婴儿还必须形成并表现出伸手的意图。如果把任务简化，我们是否能发现婴儿思维的不同呢？

伊利诺伊大学（Universty of Illinois）的教授勒妮·巴亚尔容和她的同事给出了肯定的答案。在一项研究中，一个固体隔板在婴儿面前慢慢地来回转动，隔板转到水平位置时，研究人员在它的转动路径上放一个高大结实的盒子，接着继续转动隔板，撞到箱子就停下来，然后换个方向继续转。当盒子被放在隔板的转动路径上时，隔板会被迫停止，婴儿对此并不惊讶，似乎理解甚至期待这一过程。

但接下来，在隔板转动的过程中，研究人员从暗门取走了盒子，隔板经过盒子所在的位置时毫无阻碍继续转动。大多数婴儿似乎对此很震惊，眼神紧紧地盯着，试图理解这种看似不可能的事情是如何发生的。

在另一个相关实验中，一根长胡萝卜沿着一条轨迹穿过婴儿的视野范围，消失在隔板后，接着一根短胡萝卜沿着长胡萝卜的轨迹，也消失在隔板后。

现在，研究人员把原本的隔板换成新隔板，新隔板的上半部分有一个窗口，这样一来，胡萝卜从后面经过时，婴儿能看见长胡萝卜，但是看不见短胡萝卜。不出所料，婴儿没看到短胡萝卜并未表现出惊讶；但当研究人员把长胡萝卜往下移，使其消失在他们视野中时，这些 3 个半月大的婴儿盯着隔板的时间明显更长，这在他们眼中似乎是不可能的事情。

巴亚尔容得出结论，这个阶段的婴儿知道物体是实在的。他们知道即使不在视野中，物体仍然存在，且两个物体无法同时占用同一空间。

这个实验说明，很小的婴儿似乎也能对物体形成短时记忆，他们多少能够理解物体的长期性，也能理解支配物体运动和空间位置的物理定律。然而，即使在他们眼皮子底下把物体藏起来，小婴儿也没法寻找，得再过几个月他们才能完成这个任务。

记忆与行为

如果婴儿伸手去拿刚被藏起来的物体，至少在一定程度上是由记忆引导的。婴儿必须记住物体在哪里，才可以伸手去拿。

婴儿在 A 非 B 任务中的表现主要受两个因素影响。一个因素是婴儿的年龄。6 个多月大的婴儿在完成任务时几乎全军覆没，而 8 个月大的婴儿几乎都能完成任务。他们的表现明显随着年龄增长而有所进步。

另一个因素是时间间隔。藏匿物体与婴儿取物的时间间隔越长，他们选择错误的可能性越大。例如，如果时间间隔不到 3 秒，9 个月大的婴儿很少会犯 A 非 B 错误。但如果时间间隔大于等于 7 秒，大多数婴儿都会犯 A 非 B 错误。

发展心理学家阿黛尔·戴蒙德（Adele Diamond）指出，婴儿在 A 非 B 任务中的表现有所进步，证明了婴儿用意图代替习惯指导行为能力的提升。尤其是在藏匿 B 物体和婴儿取物之间设置时间间隔时，A 非 B 任务还证明了婴儿工作记忆的提升。即使犯 A 非 B 错误，年龄更大的婴儿能够接受的时间间隔更长，这也有力地证明了年龄更大的婴儿的工作记忆更为持久。同时，这可能也证明了婴儿大脑某些部分发育更加完善。

> 如果你和大多数人一样，那么你可能会记得高中毕业舞会，但不会记得自己 3 岁生日时的情景或弟弟的出生时间。
>
> ——布赖恩·韦弗（Brian Weaver）

正如前文所说，即使是很小的婴儿也能够快速学会辨认妈妈的声音或脸。虽然一开始婴儿对新事物的记忆很短暂，有时候持续不到数小时或数日，但他们很快就学会了辨认熟悉的地方和物体。

等到婴儿 2 岁时，他们已经认识了大量不同的东西：人的身份、动物的身份；怎么走路；几百种重要的东西的放置地点，几百个单词，以及各种复杂的组词规则。这一切都在婴儿出生后 2 年内发生。

无意记忆术

学龄前儿童（2~6 岁）具有惊人的学习能力。这一点在语言学习上尤为明显，这个阶段的儿童词汇量猛增。这个过程从 2 岁半开始，持续整个学龄前期。这个阶段的儿童具有超强的语言学习能力，对于一个新单词来说，他们往往可能只需要接触 1~2 次，就能够永远记住并使用它。

即便如此，学龄前儿童的记忆与年龄

更大的儿童及成年人的记忆仍存在重要差别。最明显的区别在于前者不会像后面二者一样刻意地、系统地使用有效记忆策略：组织、复述、精加工。学龄前儿童似乎对记忆这件事知之甚少。他们仍未认识到自己是学习者和记忆者，也不知道一些特定策略可以帮助记忆。

密歇根大学的亨利·韦尔曼（Henry Wellman）认为，学龄前儿童使用记忆策略时往往出于偶然，并非有意为之。他将其称为无意记忆术。记忆术是帮助记忆的原则或诀窍。由于无意记忆术出于偶然，所以他们不算真正的策略。学龄前儿童最常用的无意记忆策略包括集中注意力。

虽然许多学龄前儿童似乎会使用记忆策略，但很少有人能自发使用。例如，韦尔曼让3岁的儿童将玩具埋在一个大沙盒中，并且在他们离开前询问他们是否需要做其他事情，只有将近五分之一的儿童想到了要做标记，以方便找回玩具。然而，第二组儿童被告知要记住玩具的埋藏地点时，一半的儿童采用了标记策略。值得注意的是，即使第二组儿童知晓了记忆任务，仍有一半人没采取任何明显的记忆策略，他们的记忆效果跟第一组差别不大。

记忆的可靠性

想象一下，一群3~5岁的儿童在教室里玩耍，突然一个体型高大、胡子拉碴、满头红发的陌生人身披绿色斗篷闯入教室，在他们面前偷走了老师的钱包！然后，我们把实验对象分别换成一组11岁的儿童、青少年和成年人，进行同样的实验。实验结束后，让各组目击者一一描述小偷的形象，再让小偷跟其他人站成一列，把目击者带到这群人面前。

> 从弗洛伊德的时代开始，科学家们就在婴儿期探索成年人记忆的根源。
>
> ——卡罗琳·罗维·科利尔

这些学龄前儿童会如何表现呢？他们中有多少人能记得小偷是红色头发、身披绿色斗篷、体型高大又胡子拉碴呢？有多少人能够自信地指认小偷呢？

现在假设实验设计发生变化，不让小偷站在列队中。在指认时，这些学龄前儿童是会摇摇头表示"不，坏人不在这里面"呢？还是指认某个无辜的替罪羔羊？年龄更大的儿童和成年人的表现是否会更胜一筹？

焦点

婴儿健忘症

跟 1 岁婴儿相比，2 岁婴儿的长时记忆简直惊人。例如，大多数 2 岁婴儿都掌握了大量单词，并且大部分单词能记一辈子。但同时，他们几乎没法说出婴儿期甚至学前阶段的个人经历。

这种奇怪的现象被心理学家称为"婴儿健忘症"，这种现象十分普遍。研究人员向 9 岁和 10 岁的儿童展示他们早期（4 岁）学前班同学的照片，他们都无法辨认，虽然距离跟这些同学每天见面的日子仅过去了 6 年。然而，研究人员向成年人展示他们小学同学的照片，他们能认出 90% 以上的人。尽管有些人自小学毕业以来再也没见过，而且大部分成年人离开学校已经近 50 年，但他们仍能够认出 90% 以上的人。

但值得注意的是，尽管人们对 5 岁之前发生的事情似乎没有多少外显记忆，但可能还存在内隐记忆。心理学家拉雷恩·麦克多诺（Laraine McDonough）通过一项研究表明，2 岁的婴儿仍然记得 1 年前学习的新行为。该研究向婴儿展示 1 年前训练新行为时用到的物

这位女士能认出大部分多年前的高中同学，还能说出他们的名字，但她 10 岁的时候却不记得曾经朝夕相伴的学前班同学。

体，并根据他们的表现来评估其记忆。因此，他们的行为证明了记忆存在，尽管不是外显记忆。毫无疑问，这些婴儿 10 年之后说不出任何关于这些经历的事。

婴儿健忘症的成因尚无定论。有理论认为参与形成长时记忆、情景记忆的大脑结构在婴儿时期尚未健全；另一理论认为婴儿尚未形成必需的记忆策略；还有一种理论提出婴儿还未形成足够强烈的自我意识，无法将情景记忆与自身联系起来。

焦点

儿童目击者的可靠性

如果你是一个足智多谋的检察官，在明确知道嫌疑人的情况下，你怎么让儿童记住并帮你抓住头号嫌疑人呢？

你应该问"这个男的有胡子吗"这种诱导性问题，而不是"描述一下这个男人的长相"这种开放性问题。你得变着法子地重复诱导性问题，还得把你想要得到的诱导性问题的答案放到其他问题里。例如，你要问"这个长胡子的小偷是不是穿着绿色斗篷，而不是"小偷穿着什么衣服"。在询问学龄前目击者时，使用情绪强迫和诱导等策略无伤大雅。你可以试着说："如果你告诉我他对你做了什么，你会好受些"或者"这个男人干了很多坏事，你得帮我们抓

华盛顿西雅图的警察正在执行一项安居工程，他在跟小目击者谈话。询问儿童并不容易，因为他们很容易受到采访者或其他大人的暗示，提供不可靠的证据。

住他"。

尽管这种方法可能会唤醒儿童目击者的记忆，但也可能混淆他的记忆，从而做出错误指认。错误的记忆可能被灌输到他的脑海中，让他记住一些从未发生过的事情。这极有可能发生。以下是以学龄前儿童为对象的研究结果，对学龄前儿童能向法院提供可靠证词这一结论提出了质疑。

- 与年龄更大的儿童和成年人相比，学龄前儿童指认罪犯的正确率更低。

- 与年龄更大的儿童和成年人相比，学龄前儿童错误指认无辜之人的几率更高。

- 若得到暗示，学龄前儿童可能会记得一些从未发生的事情。

- 如果让学龄前儿童进行想象，他们可能错把想象的事件当成真实事件上报。

- 在婴儿健忘症时期（也就是学龄前早期），儿童对事件的记忆非常值得怀疑。

- 学龄前儿童偏向于回答"是"。相比于否认事件的发生或者承认不知道，他们更倾向于承认事件的发生。

- 若让学龄前儿童重复他们的猜测，他们的态度会越来越肯定，到最后他们往往自信满满，认为自己的猜测就是真相。

这些问题很重要，因为学龄前儿童常常是犯罪事件的目击者甚至成为不幸的受害者，所以他们会接受法庭的询问，问他们是否记得谁做了什么事，以及事件的发生地点和时间。儿童的记忆有多可靠呢？

针对这个问题，科学家展开了数百项研究，大多数研究方法都跟指认胡子小偷的实验相似。我们得到了明确的结论：无论是从记忆的准确度还是细节数量，学龄前儿童都比不过年龄更大的儿童和成年人。不仅如此，他们过于轻信诸如记者、法官、律师和政治家等成年人，倾向于去讨好别人，容易被引导性问题带着走。在别人的引导下，他们甚至能声称记得一些根本没发生过的事情。部分儿童明显抗拒误导性建议。面对敏锐但中立的记者提问时，许多儿童明显能够回想起重大事件，但法庭几乎不能确定儿童目击者的证言是否可靠。

年龄更大的儿童的记忆

正如前文所述，学龄前儿童很少有意使用策略提高记忆力。有意思的是，研究人员让妈妈帮助 4 岁的孩子学习并记住不同内容（如卡通人物的角色或者动物园里不同动物对应的位置）时，大多数妈妈会下意识地对孩子使用策略。最常见的策略就是简单复述——对着孩子复述，再带着孩子复述。她们也会采取其他策略。如果妈妈正在给孩子讲故事，书中的小狗叫"斑点（Patches）"，妈妈就会指出这只小狗的眼睛上有斑点；如果玩偶叫做"小树枝（Twiggy）"，妈妈就会指出玩偶的四肢长得像树枝。

通过这些交流（尤其是跟父母和哥哥姐姐的交流），儿童可能学会了使用记忆策略。他们的记忆力随着年龄增长明显增强，至少部分原因是他们使用记忆策略的次数增多，且越发熟练。例如，我们向 4 岁、7 岁和 11 岁的儿童分别展示多张图片并下达"看这些图片"或者"记住这些图片"的指令。无论收到哪种指示，4 岁儿童的表现都一样。而 7 岁和 11 岁的儿童收到"记住图片"的指令时，他们会有意使用策略来巩固记忆。这证明了从婴儿时期到学龄前，再到 7 岁左右，儿童的记忆是稳步提升的。7 岁之后，记忆就不再有显著提高了。但在不同的年龄段，不同儿童的记忆也存在显著差异。记忆力的提高，既跟儿童越来越频繁地使用复述、组织等策略相关，也跟他们对事物、活动越来越熟悉相关。在多项研究中，研究人员向儿童展示描绘不同场景的图片，他们对这些场景越熟悉，记住的细节就越多。例如，在一项研究中，研究人员向一组八九岁的儿童展现各种各样的足球图片，并就此提问。踢过足球的儿童明显比没踢过球的儿童表现更佳。同样，在一场半程的象棋比赛中，许多象棋大师在检查棋盘几分钟后就可以轻松更换所有棋子。相比之下，新手玩家也许只能更换几个棋子。

> 我年轻那会儿记得任何事情，不管它是否发生过；不过我老了，很快就只能记得发生过的事情了。
>
> ——马克·吐温（Mark Twain）

焦点

闪光灯记忆

大多数人的记忆中至少有一次所谓的闪光灯记忆（flashbulb memory）。闪光灯记忆是指人们对某个具体时间或地点异常清晰的记忆，人们在该时间或地点得知了极为突然、重要或震惊的事情。闪光灯记忆跟某一件事相关，使我们清晰地记得自己当时做了什么、有何感受以及接下来发生了什么。许多美国人对前美国总统约翰·F. 肯尼迪（John F. Kennedy）1963 年遇刺一事具有闪光灯记忆。英国和其他地方的许多人对 1997 年戴安娜王妃之死也有类似的闪光灯记忆。

闪光灯记忆很常见；遗觉像（eidetic images）很精准，但照片似的回忆，也称为摄影式记忆（photographic memory）不一定精准。如果记得什么事情，大多数人会说："我能在脑海里看到它。"事实上，很少有人脑海中会出现清晰的记忆画面。但有一小部分人的脑海中确实会出现非常清晰的画面，可供他们仔细研究，回答非常细节的问题。例如，让一个有如此天赋的人看下页这幅彼得·勃鲁盖尔（Pieter Breughel）的画，他也许能够准确地记住每一个细节。

有遗觉像的儿童比例比成年人更高。然而，遗觉像很少给学生带来优势，因为它在数分钟内就会淡去，能持续 1 小时的更为少见。但也有一些罕见个例，他们的遗觉像能够永久存在，S. 就是其中一例，他是心理学家亚历山大·罗曼诺维奇·鲁利亚的一位患者。

S. 是一个记者，他从来不需要做笔记，但别人跟他说什么他都能记得，所以他的上司把他送到了鲁利亚那里。

1939 年 5 月 10 日，鲁利亚向 S. 展示了 50 个数字。S. 一开始花了 3 分钟研究表格，然后又用了 40 秒把表格正确无误地画出来。接受提问时，他轻而易举地默写出前 12 行出现的任意四位数和最后一行的两位数。他能够竖着读出数字列，也能够沿着对角线读。不仅如此，之后无论什么时候再问他，他都能准确回忆起整个数字列表。有一次，鲁利亚让 S. 回忆他 16 年前看过的单词列表。S. 想了一会，鲁利亚的描述如下。S. 闭上眼睛，开始念念有词："对，对……这个就是你给我看过一次的列表，当时在你的公寓……你坐在桌子旁，我坐在摇椅上……你当时穿着灰色外套……'好了'，你当时说的是这个。"然后 S. 把列表准确无误地背了出来。不幸的是，杰出的记忆能力给他的日常生活带来了困扰。由于脑子里充斥着各种信息、声音和画面，他连简单的对话都听不懂。

清晰的图像记忆通常被称为摄影式记忆。看到彼得·勃鲁盖尔的这幅画时，大多数人只能回忆起一些细节，但有些人却能清楚地记住每一个细节。清晰的图像通常在几分钟后消失，但极少人的记忆能保存数年。

增强记忆力

正如前文所述，随着记忆策略的频繁使用与知识的获取，儿童的记忆力会越来越强。例如，儿童越了解历史，就越容易记住史实。

研究表明，通过传授特定策略，或仅让儿童意识到这些策略的重要性和有效性，也许能够提高他们的记忆容量。所以，学校会设计课程教学生组织材料的通用方法、如何利用心理意向对信息进行精加工，以及如何简单地复述信息以达到记忆效果。

记忆策略

一些特定的记忆策略（memory strategy）（如押韵和语录）有时也称为助记方法。例如，"9月30天"这句诗有助于记住每个月有多少天，"my very earthy mother just served us nine pizzas（淳朴的地球母亲刚刚给我们做了9个披萨）"，这句话用来记住太阳系中火星以外的所有行星的首字母。

其他有效的记忆策略大量使用视觉图像。记忆者会在脑海中形成极为生动的图像，这些图像比单词或思想更容易记住。位置记忆系统（loci system）是视觉图像系统（visual imagery system）的一个例子。loci这个词是拉丁语locus的复数，是"位置"的意思。这种助记系统把列表上的内容跟一系列熟悉的位置联系起来。例如，为了记住野营旅行需要往背包里放什么，你可能会想象需要从不同房间拿的东西。想想厨房桌子上的一罐驱虫剂，浴室里的镜子前挂着的斧头，走廊里的一卷厕纸，卧室里妈妈打包好的午餐。

另一种高效的助记方法是联系系统（the link system），记忆者需要在列表第一个物体跟另一个更熟悉或更好记的物体之间建立视觉联系，然后再在第一个和第二个、第二个和第三个物体之间建立视觉联系，以此类推。联系系统策略可用于记忆下面的购物清单：面包、狗粮、番茄酱、香肠、西兰花。试着想象一根面包挂在购物篮边上，一条狗叼着一根长长的蘸着番茄酱的香肠，左耳长出一朵形状怪异的西兰花。以上就是一些能够帮你提高记忆力的技巧。

未来的挑战

心理学家已经设计出多种实验方法来测量还不会说话的婴儿的记忆能力。下一步的挑战是改善方法，以期回答"婴儿是否知道自己是谁"和"记忆是如何发展的"等问题。

研究人员已经证明，婴儿的记忆发展跟大脑结构的发育紧密联系，共分为三个阶段，一开始是短暂记忆和印象（前3个月），然后能够辨认出熟悉的事物（3~8个月），最后能够记住更抽象的事物（8个月后）。年龄更大的儿童在获取知识、发展记忆策略的同时，记忆力也会增强。

> 正如被迫进食会损害健康，学习若无兴趣，不仅损害记忆，还会一无所获。
>
> ——列奥纳多·达芬奇（Leonardo da Vinci）

第六章 问题解决能力的发展

问题说清楚了，就解决了一半。

——查尔斯·凯特林（Charles Kettering）

问题解决能力是一个心理学术语，用于描述个人为完成特定目标而处理某种复杂情况的能力，这种情况需要较高的主动性和思维敏捷性。虽然有些动物能够解决问题，但大多数人认为解决复杂问题的能力将人类和其他生物区分开来。心理学家对人类解决问题时的推理过程很感兴趣，这一过程揭示了智力的本质。

解决问题是指找到方法实现无法立即实现的目标的过程。在上学的过程中，孩子们解决问题的能力逐步增强。有些心理学家认为这一能力的发展具有明显的阶段性，也有观点认为这一能力的发展是循序渐进的。为了验证这些理论，研究人员设计出了各种各样的实验任务揭示问题解决能力的发展机制，这些任务需要用到类比、逻辑推理、计划和象征——即通过一个物体或概念得出有关另一个物体或概念的结论的方法。越来越多新的"儿童友好型"实验证明，一些问题解决能力的形成比心理学家预想的要更早。

人类解决问题的能力远超出其他动物。事实上，人类能够从解决问题本身获得愉悦。

例如，魔方（Rubik's Cube）在20世纪80年代风靡全球，它由6种颜色的小方块组成，可以往任意方向旋转。困难之处在于要把方块转到最后每面只有一种颜色。颜色组合的数量太多了，如果每一个魔方对应一种组合，全部排列开来，能覆盖整个地球表面。即使如此，有些人还是能在不到30秒的时间里完成魔方挑战。

玩魔方很有意思，表明人类有解决问题的能力。但魔方不能用来测量智力，也不能用来研究个人如何形成解决问题的能力。

关键术语

- 演绎推理（Deductive reasoning）：利用一个或多个给定的命题（前提）为一个命题（结论）提供有力证明。例如，所有人都终有一死；凯撒是一个人；所以凯撒终有一死。有的逻辑学家认为有效的推理都采用演绎推理的方式，他们不承认归纳推理是一种推理方法。

- 归纳推理（Inductive reasoning）：一种从局部到整体、从个别到一般的推理方法。例如，我认识的所有红头发的人在 40 岁前就会秃头；所以所有红头发的人到了 40 岁都会秃头。归纳推理有时能得出正确结论，但由于其方法论并不完全科学，所以不可靠。

儿童解决问题的能力远超出人们想象。揭示这些能力的关键是通过消除……与问题无关的困难来简化问题。

——罗伯特·西格勒（Robert Siegler）

魔方抓住了问题的关键，但对儿童

（或大多数成年人）来说，魔方挑战并不适用于测试解决问题的能力，因为其复杂程度太高。为了评估儿童的问题解决能力，研究人员必须基于他们的环境和经历来设计测试。实验性任务必须能够展示儿童解决问题的思维过程，以及这一过程是如何随着时间发展的。

两种发展理论

瑞士心理学家让·皮亚杰认为，儿童形成问题解决能力的过程有明确的阶段性，儿童的思维能力并不是成年人的未成熟版，二者有本质上的差别，分别展现自身发展阶段且具有很强的适应性。儿童有自己独特的策略，发展到某一阶段时他们就能够解决特定类型的问题。然而，有的信息处理理论学家不赞同皮亚杰的观点，他们认为问题解决能力是循序渐进的连续性发展，而且与记忆发展相关。他们的研究焦点是儿童陈述问题的方式、解决问题的过程以及这一过程随着记忆发展的变化。卡内基梅隆大学的罗伯特·西格勒表示，随着儿童的不断发展，他们能够理解以前忽略的问题的方方面面，这使他们能够构建更为复杂的规则。

要点

- 如果研究人员想要评估儿童解决问题的能力，在发布任务时就应该让他们清楚理解任务的目标。
- 3 岁左右的儿童可以利用对真实物体的心理表征来帮助他们解决问题。
- 年幼的儿童往往会在思考之前行动，即使是 12 个月大的婴儿有时也会利用计划来帮助自己实现目标。计划包括将一个问题分解为一个或多个部分或子目标，从而达到最终目标。
- 从婴儿期早期到大约 3~4 岁，儿童开始理解因果原理（the principles of cause and effect）。
- 类比推理（Analogical reasoning）能力，即用熟悉的问题解决方案来解决新问题的能力通常形成于婴儿期，随着年龄的增长而提高。
- 4 岁的儿童可以通过演绎推理（根据所给的信息推理得出逻辑结论）来解决一些简单的问题，尤其当规则是事实时，他们还能对规则进行推理。
- 最近的研究颠覆了传统观点：7 岁以下的儿童无法理解一定数量的物体在不同排列情况下都是不变的。
- 当儿童形成了成熟的解决问题的能力后，他们不会自动停止使用较简单的技能。

平衡木问题

西格勒发明了一个实验，用于测试 5~17 岁的儿童如何运用各种规则来解决平衡木问题（a balance beam problem），这一实验清晰地证明了他的观点。西格勒发现，从整体来看，儿童年龄越大，得出答案的思维过程越复杂。但这一结论并不总是准确。

平衡木任务测试的是儿童利用重量 – 距离关系的能力。研究人员向参与测试的每个孩子展示一根在支点上保持平衡的横梁（横梁绕支点转动），横梁上有许多钉子。

一开始，研究人员在横梁两端下方放置砝码，阻止横梁转动。然后，研究人员在支点两侧的钉子上放置一些木块，让孩子预测如果移除木块，横梁将如何倾斜。例如，如果在横梁一端距离支点 8 英寸（1 英寸 =2.54 厘米）处放置 3 个重物，在另一端距离支点 4 英寸的地方放置 6 个砝码，横梁就会达到平衡。如果 2 组重物与支点的距离相同，放置 6 个重物的那一端就会下降。但是孩子们是如何思考这些问题的呢？

在横梁两端距离支点不同距离的位置放置不同重物使之保持平衡，西格勒利用不同的组合设置了6种类型的平衡问题。他认为，无论面对哪种问题，儿童都会采取以下4种规则中的1种来解决。

规则1：如果支点两端的木块重量相同，儿童预测横梁保持平衡。如果两端的木块重量不等，他们预测重的那端会下降。

规则2：如果支点一端的木块比另一端的更重，儿童预测重的那边会下降。如果两端的木块重量相等，他们预测木块距离支点更远的那端会下降。

规则3：如果支点两端木块的重量和距离支点的距离都相等，儿童预测横梁保持平衡。如果支点两端木块的重量或距离支点的距离不等，儿童预测木块更重的一端或木块离支点更远的一端会下降。如果一端的木块更重，另一端的木块离支点更远，儿童就不知道哪端会下降，不得不凭运气猜测了。

规则4：如果一端的木块更重，另一端的木块距离支点更远，儿童会计算两端的

问题	答案	应用规则所做出反应的正确率			
		规则1	规则2	规则3	规则4
	平衡	100	100	100	100
	左端下降	100	100	100	100
	左端下降	0	100	100	100
	平衡	100	100	33	100
	右端下降	0	0	33	100
	右端下降	0	0	33	100

该表格展现了儿童预测横梁是否平衡的正确率。33%是偶然反应——儿童给出正确答案完全靠运气，并未经过逻辑推理。

力矩（即重量乘以距离）。在此基础上，他们预测力矩更大的一端会下降。

西格勒发现在不同规则的使用上有一个发展趋势。规则 1 最简单，最容易使用，5 岁的儿童用得最多。规则 2、3、4 的复杂程度递增，使用难度更高，因为它们对儿童的知识和记忆力提出了更高的要求。大多数 9 岁的儿童使用规则 2 或规则 3，而大多数 13 ~ 17 岁的儿童使用了规则 3。规则 4 是唯一一个能够准确解决所有情况的规则，西格勒惊奇地发现，虽然 16 ~ 17 岁的儿童在学校的科技课上学过天平，但只有不到 20% 的人使用了规则 4。

解决问题的一个重要方面是使用符号（如心理意象、语言和数字）来代表实物的能力。虽然皮亚杰认为婴儿到 18 个月大时才会用表征，但后续研究已经表明，不到 1 岁的婴儿都能够使用手势来代表各种物体或事件。

> 孩子们……对听众的反应极为敏感，他们渴望成为优秀的故事讲述者，受外界驱使来讲述对他们来说重要的事情。
>
> ——苏珊·恩格尔（Susan Engel）

问题的范围

然而，年龄更大的儿童更善于利用符号来解决问题，美国弗吉尼亚大学的心理学教授朱迪·狄洛奇（Judy Deloache）在 1987 年所做的实验充分证明了这一点。在实验的第一部分，狄洛奇让 2 ~ 3 岁的儿童在微缩比例的房间里找玩具，然后再把

和图中一样大的婴儿认为现实和幻想没有明显区别，他们分不清铁路玩具和火车模型。但到了 3 岁，儿童就能理解符号和模型能够代表实物或真实情况了。

他们带到跟前一个房间完全相同但比例正常的房间。3 岁的儿童在正常比例的房间里找到玩具的成功率超过了 70%，他们会去微缩比例房间中玩具的藏匿位置寻找，但 2 岁的儿童的成功率只有 20%。这种成功率的差异并不是因为 2 岁儿童的记忆力更差，因为两组儿童回到微缩比例房间时找到玩具的成功率相等。2 岁的儿童似乎难以理解微缩模型能够代表正常比例的房间，但 3 岁的儿童已经能够形成这种理解了。

学龄前儿童仍然不会使用指代实物的符号和数字。多项实验表明，如果数值较小且与实物相关，3 ~ 5 岁的儿童能够解决简单的数学问题。他们可能会轻松回答以下问题："糖果店里有 3 个孩子，走了 2 个，店里还剩下几个孩子？"但很少能够正确回答"这里面的 1 加 2 等于几"的问题。具体内容容易理解，但他们无法回答抽象问题。

计划

计划是解决问题的另一个重要方面，尤其是面对复杂又不熟练的情况。儿童能够通过计划来避免反复试验过程中的沮丧情绪，还能节省时间。然而，计划费时费力，如果无法正确执行计划，或者问题太难解决，儿童还可能面临努力白费的风险。计划的另一个弊端是需要抑制立即行动的冲动，但是抑制冲动的能力在儿童期发展缓慢。此外，有时儿童不做计划也不用承担后果，如父母会介入提供帮助。

虽然计划可能会让情况更为复杂，但儿童似乎很早就开始做计划了。苏格兰邓迪大学（University of Dundee）的彼得·威利茨（Peter Willatts）以 2 组 12 个月大的婴儿为对象进行了以下实验。2 组婴儿分别被放置在桌子上，桌子上有一个小屏障，屏障外是一块布。第 1 组把绳子的一端跟布块系在一起，把绳子的另一端跟桌子另一端的玩具系在一起。第 2 组除了绳子不系在玩具上，其他设置跟第 1 组相同。

第 1 组的儿童试图去移开屏障，把布拽过来，抓住绳子，再拉动绳子拿玩具，而第 2 组的儿童则倾向于玩屏障，不急于伸手去拽布，也没有拉动绳子。这个动作说明他们意识到绳子

让 1 个月大的婴儿在不碰到蔬菜的情况下把它们都放入更大的锅中，婴儿需要想清楚倾斜哪个锅——这是实现最终目标需要设置的亚目标。

没有连着玩具，所以无法帮他们拿到玩具。

目标和亚目标

第 1 组能够顺利完成任务，因为儿童把现状跟目标状态进行了对比，发现了能够实现目标的行为——拉动绳子拿到玩具。由于儿童一开始够不到绳子，他们就设置了一个亚目标：将绳子拉近，这一步可以通过拉动布块来实现。但即使是亚目标也不容易实现，因为二者之间有一个屏障，所以移开屏障就成为另一个亚目标。

设置目标和亚目标从而减少现状和目标状态的差距，这种形式的计划被称为手段－目的分析（means-ends analysis）。威利茨发现 4 个月的婴儿就已经具备手段－目的分析的基础知识了。

短期目标会阻碍儿童建立长期目标。随着年龄的增长，儿童越来越善于抵抗短期目标的诱惑，记忆的数字越来越多，设立的亚目标也越来越复杂。这些发展也提高了他们应用手段－目的策略的能力，这在"猴子罐子"的实验，即改良版的河内塔拼图（the Tower of Hanoi puzzle）实验中得到了证明。

解决问题往往包括努力理解造成特定事件的原因。在某些情况下，事件发生的原因显而易见，如拿一个泳池球击打另一个，被击打的球会开始滚动。但我们为什么认为第一个球是第二个球滚动的原因呢？难道第二个球不会因为某些其他原因滚动吗？

案例研究

猴子罐子

标准版的河内塔拼图有三个钉子。第一个钉子上有 64 个大小递减的圆盘，最大的在最下面，最小的在最上面，另外 2 个钉子上没有圆盘。任务是把所有的圆盘都移到第三个钉子上，并且放置顺序与原来相同，规则是每次只能移动一个圆盘，大圆盘不能放在小圆盘上面。

5 ~ 6 岁的儿童无法完成标准版的拼图任务，其中一个原因似乎是他们记不住基本的规则，如大圆盘不能放在小圆盘上面。

1981 年，卡内基梅隆大学（Carnegie Mellon University）的大卫·克拉尔（David Klahr）和米奇·罗宾逊（Mitch Robinson）发明了一种更适合儿童的河内塔拼图。在这个版本中，不同尺寸的圆环换成了不同大小的罐子，规则是小

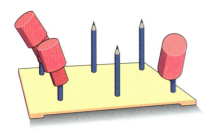

第一排的钉子是模型，孩子们被要求在后排进行复制，小罐子不能放在大罐子上面。

罐子不能放在大罐子上面。为了增加任务的趣味性，研究人员编了一个跟猴子有关的故事，这就是"猴子罐子"（Monkey Cans）名字的由来。罐子分别代表猴妈妈、猴爸爸和会从一棵树跳到另一棵树上的猴宝宝，需要儿童移动的"猴子"则是想要模仿其他猴子的排列。

为了帮助儿童记住任务目标，研究人员在他们面前摆放了罐子排列的目标模型。孩子们并不直接地移动罐子，而是告诉研究人员他们的移动顺序。通过这种方式，研究人员可以确定孩子们的计划到了哪一步。研究人员还改变了罐子的数量和最初的排列情况。

根据罐子的数量和初始的排列情况，儿童们完成任务需要 1～7 次动作。克拉尔和罗宾逊发现大多数 4 岁的儿童能够为两步走的拼图找到最优解，但无法解决更复杂的任务。5～6 岁的儿童善于解决四步走的问题，大多数 6 岁以上的儿童能够解决六步走的问题。

虽然有证据表明所有儿童都使用了亚目标策略，但年龄更大的儿童表现得更明显。年龄小的儿童常常违反规则移动罐子，忘记目标。尽管如此，不同年龄的儿童所展现出来的差异似乎只是能力大小：年龄小的儿童试图提前计划，但有时候会忘记目标；而年龄大的儿童可以记住更多信息，能够更提前一步计划。解决问题的信息处理方式随着这种渐进变化而发展。

因果判断

因果判断（Causal judgments）基于三个主要原则。第一个原则是当两个事件在时间和空间上相差很小时，假设第二件事是由第一件事引起的。这叫作时近原则（the contiguity principle）。第二个原则是一个广为接受的自证理论，即所有原因都发生在结果前，也称为优先原则（the precedence principle）。第三个原则是协变原则（the covariation principle），它基于以下假设：如果特定的原因已经产生过特定的结果，那么这一过程会再次发生。

儿童假设检验

虽然儿童似乎很早就具备了因果思维的基本方法，但当存在多个变量时，他们的表现并不理想。完成因果思维需要系统的检验假设的能力，这种能力是科学方法的基础。

哥伦比亚大学（Columbia University）的迪安娜·库恩（Deanna Kuhn）及其同事设计了一个研究，让儿童和成年人找出哪种食物与"感冒"有关。图片信息显示了某些特定食物的变化与孩子得感冒之间的关系。例如，有一次，苹果和炸薯条被选为跟感冒有关的食物，一起展示的其他食物则未当选。当被问及特定的食物或饮料是否影响儿童患感冒的概率时，只有30%的11岁儿童给出了有理有据的答案。成年人跟14岁儿童的表现相同，各自只有50%的人给出了有根据的答案。

把一种食物与感冒联系在一起时，参与者就会推断两者间存在一种关联，但事实上未必存在，这是许多人犯的错误。

在其他研究人员设置的任务中，参与者事先并不会认为事件及其原因具有联系（如"感冒"实验）。在简单的任务中，6岁的儿童都能够理解证据和任务之间的关系。但若存在许多潜在变量，儿童和成年人都无法做出准确的因果判断。

时近意识

现代研究表明，婴儿在出生的第一年就对时空连续性表现敏感。研究人员分别向6~10个月大的婴儿展示违反时近原则和符合时近原则的场景，他们盯着前者的时间比盯着后者的时间更长。在一项实验中，研究人员给婴儿播放了一段影片，影片中一个移动的物体撞击一个静止的物体，静止的物体开始移动。然后，他们看了第二段影片，在第一个物体撞击前，第二个物体就开始移动。最后，他们看了第三段影片，第二个物体遭到第一个物体撞击后四分之三秒才开始移动。婴儿对这两个"违反原则"的影片更加关注，这表明这两段影片出乎他们的意料。

大多数儿童到了3岁就能理解优先原则（原因先于结果）。1979年，宾夕法尼亚大学的梅里·布洛克（Merry Bullock）和罗切尔·格尔曼（Rochel Gelman）用一个魔术箱装置来研究儿童是否理解原因无法出现在结果之后。该装置是一个两边都有小口的箱子，弹珠可以通过小口落入轨道中，箱子中间有一个孔，玩偶会从中间弹出来。在这个实验中，研究人员将弹珠从轨道的一端投入，这时玩偶会弹出，然后研究人员会从轨道的另一端再投入一个弹珠。实际上，弹珠从哪条轨道滑下并不重要：玩偶总会在投入第一个弹珠后、投入第二个弹珠前弹出，因为研究人员在暗处设置了一个控制玩偶弹出的踏板，但儿童并不知道这一点。所有 5 岁的儿童都能够发现投入第一个弹珠和玩偶弹出的关系，而只有 88% 的 4 岁儿童和 75% 的 3 岁儿童能够发现这一点。

如果存在多种可能的原因，要找到真正产生结果的原因时，我们需要观察哪些原因跟结果之间存在规律，有迹可循，这种能力也被称为协变原理，可能形成于 3 ~ 4 岁的阶段。加拿大蒙特利尔麦吉尔大学的托马斯·舒尔茨（Thomas Shultz）和罗斯林·门德尔松（Roslyn Mendelson）在 1975 年做了一项研究，他们向儿童展示了一个带两个杠杆的盒子，拉动 1 个或 2 个杠杆时，会有一盏灯亮起。有时候只拉动杠杆 1（亮灯），有时候拉动 2 个杠杆（亮灯），有时候只拉动杠杆 2（不亮灯）。大多数 3 ~ 4 岁的儿童能够发现拉动杠杆 1 是亮灯的原因。

当原因跟结果的联系不太紧密时，儿童对二者关系的敏感度似乎会下降。例如，当触发结果的动作发生 5 秒后才产生结果时，很少有 5 岁的儿童认为第一个事件是第二个事件的原因，但 8 岁以上的儿童能够将二者联系起来。

类比的使用

类比推理能力不是灵光一闪的产物，而是儿童慢慢形成的另一种解决问题的机制，指利用以往情况形成的认识来处理新情况。运用这一能力要求儿童在熟悉的问题和新问题之间找到联系，从而对两种情况进行"匹配"。

研究表明，类比推理的基本能力从婴儿期就开始形成。1997 年，卡内基梅隆大学的 Z. Chen 及其同事进行了一个实验，与彼得·威利茨的实验类似，让儿童试图去拿够不着的玩具。实验对象是 10 ~ 13 个月大的婴儿。研究人员把一个玩偶放在屏障后面，绳子的一端系着玩偶，另一端则放在靠近婴儿的一块布上。

在威利茨的实验中，婴儿需要移开屏障，拉动布来够绳子，再拉动绳子才能拿到玩偶。无论婴儿完成这个任务是否需要协助，在此之后都面临着另外两个与布、盒子和绳子有关的问题。这两个新问题在于有两根绳子和两条布，但只有一组布和绳子能够真正帮他们拿到玩偶。虽然新问题的基本结构与原来的问题相似，但他们的外观有所不同——屏障、布和绳子的颜色和大小是不同的。此外，婴儿在执行任务时的姿势也不一样——如果他们在第一个任务时坐着，就会让他们在第二个任务时站起来，反之亦然。

在最初的任务中，有些13个月大的婴儿发现了拿到玩偶的方法并能够独立完成，而不能完成任务的婴儿则由爸爸或妈妈向他们演示方法。一旦学会了方法，年龄更大的婴儿比10个月大的婴儿更善于将这种方法应用到新问题中。但对于年纪较小的婴儿来说，只有当新测试的视觉效果跟最初的任务比较相似时，他们才能解决新问题（如在所有三个问题中使用同一个玩偶）。

纽约州立大学帕切斯分校的凯伦·辛格·弗里曼（Karen Singer Freeman）证明了2岁儿童在解决问题时能够进行类比推理，不需要观摩其他人解决该问题的过程。她设置了一些问题，涉及延展、固定、打开、滚动、断裂和附着等因果关系。在一项测试中，孩子们拿到了一个有弹性的玩具鸟和一个景观模型，模型的两端分别是一棵树和一块石头。然后，研究人员问他们能否用这些材料让鸟飞起来。

在此之前，研究人员向部分孩子演示了一个实验，拉伸橡皮圈套在两根杆上，形成一座"桥"，橙子顺着桥往下滚。没看过演示的孩子中只有6%想到了可以用拉伸橡皮筋的方法来解决类似问题。看过演示的孩子中有28%成功解决了问题。研究人员暗示孩子们要使用橡皮筋时，48%的孩子解决了问题。

伊利诺伊大学的安·布朗（Ann Brown）及其同事在1986年进行的一项实验表明，儿童能够对更复杂的类比情况做出推理。他们给3~5岁的儿童讲故事：一个精灵要将宝石放入墙另一侧的瓶子中，为此，

图片展示了精灵和瓶子的来龙去脉。研究表明，如果通过类比的方式向3岁儿童展示解决问题的方法，他们就能完成相当复杂的推理任务。例如，讲精灵故事的时候给儿童展示类似图中瓶子里的精灵玩具。

他把自己的魔法地毯卷成管状，魔法地毯的一端架在瓶子上方，宝石顺着管子滑下。研究人员用玩具进行演示，用纸张代表魔法地毯，从而确定儿童是否会把这个模型应用于类似的问题中。

> 心理功能包含多个层面，产生多层影响，主导模式随着情况变化而变化。
>
> ——约瑟夫·格里克（Joseph Glick）

接下来，研究人员让孩子们想象一个类似的情境。复活节兔子要及时把蛋送给孩子们，以此庆祝复活节，但兔子迟到了。复活节兔子的朋友想帮忙，但他在河对岸。问题在于如何把蛋运给朋友，而不让蛋掉进水里。复活节兔子带了一个毯子，类似的解决方案是把毯子卷成管状，让蛋可以顺着滑过去，跟精灵藏宝石一样。部分5岁的孩子想到了这一做法，但很少有3岁的孩子能想出解决方案。

在两个情境中，研究人员还会向部分孩子提出针对性问题，帮助他们树立解决问题的目标，如提问"谁要解决问题""精灵需要做什么""他是怎么解决问题的"。被问到这些问题的孩子（无论年龄）大多数都解决了类似的问题。

这两个研究表明，儿童往往能够使用类比推理来解决问题，但有时候要让他们先注意到类似的情况。

很多时候，成年人也无法将一个问题的解决方案应用到另一个问题中，他们跟儿童一样，只有当二者的表面特征（如视觉效果）类似或得到暗示时，才更容易发现两种情况的相似性。因此，虽然类比推理能力随着年龄增长而发展，影响推理成败的因素往往是相同的。

推理类型

为了探索儿童运用推理能力的过程，来自加拿大渥太华卡尔顿大学的凯瑟琳·加洛蒂（Kathleen Galotti）设计了以下问题。

所有的"shakdee"都有三只眼睛。

迈罗（Myro）是一个"shakdee"。

迈罗有三只眼睛吗？

如果你的推理正确，应该得出"是"的答案（迈罗确实有三只眼睛），你不知道"shakdee"是什么，也不知道"shakdee"是不是真的有三只眼。你的答案基于演绎推理，这一结论在现实中可能并不真实，是基于给定信息（前提）的逻辑推导出来的。经过正确推理得出的问题答案只有在前提为真时才为真。换句话说，一个问题的演绎答案是对论证形式的呼应，而不是对其

实验

言语三段论问题

三段论（syllogism）是一种推理形式，其中第三个命题由两个初始命题组成。1984 年，J. 霍金斯（J. Hawkins）、R.D. 佩亚（R.D.Pea）、格里克和 S. 斯克里布纳（S.Scribner）对 4 岁和 5 岁孩子说：

"我给你们读几个短故事。有的是虚构的动物和事物，有的是真实的动物。有些故事听起来有点好笑，你们要假设故事里的一切都是真的。"

读完故事后，研究人员向孩子们依次提出几个问题，孩子们需要回答"是"或"不是"。下面是一些问题的例子。

1. 熊有很大的牙齿。
长着大牙齿的动物不能阅读。
熊能不能阅读呢？
2. 兔子从来不咬东西。
卡德丽（Cuddly）是一只兔子。

卡德丽会咬东西吗？
3. 玻璃摔到地上会反弹。
能够反弹的东西都是橡胶做的。
玻璃是橡胶做的吗？
4. 每一只"Banga"都是紫色的。
紫色的动物经常朝人打喷嚏。
"Banga"会朝人打喷嚏吗？
5. "Pog"穿蓝色的靴子。
汤姆（Tom）是一只"pog"。
汤姆是不是穿着蓝色靴子呢？
6. "Merds"开心时会笑。
会笑的动物不喜欢蘑菇。
"Merds"喜欢蘑菇吗？

孩子回答一致性问题（符合他们认知的问题，如问题 1 和问题 2）时，平均正确率达到 94%，但回答矛盾性问题（与他们的认知相反的问题，如问题 3）时，平均正确率只有 13%。在幻想题（问题 4 ~ 问题 6）中，以前的知识既不能帮助也不能阻碍他们的表现，孩子们的平均正确率为 73%。

内容的呼应。

相反，有时我们基于理性得出的结论可能是正确的，但并不一定遵循既定前提。请思考以下问题。

迈罗是一个"shakdee"。

迈罗有三只眼睛。

所有的"shakdee"都有三只眼睛吗？

这个问题没有明确的答案。即使所有的"shakdee"都有三只眼睛，也不能从所提供的信息中得出结论。如果你回答

"是"，就是将特定实例一般化，这个过程被称为归纳推理。

因为演绎法关注的是论证形式而非内容，它涉及一种逻辑思维，皮亚杰认为儿童至少得到 7 岁才会开始形成这种思维。

推理的某些方面还涉及元认知过程（思考思考的过程），根据皮亚杰的说法，这种能力直到 11 岁才会开始形成。然而，霍金斯（J. Hawkins）和纽约银行街学院的

研究人员根据猫、狗、鬣狗等动物的特征和行为编写推理问题，测试儿童的演绎推理能力。结果表明，儿童在四五岁时就能进行推理。

同事们发现，4 岁和 5 岁的儿童在某些演绎推理问题上表现良好。

一致性和矛盾性

有些问题包含的前提与儿童的实际知识是相符的（一致的），有些问题的前提与之矛盾（不一致）。第三组问题涉及的是与任何实际知识都无关的虚构生物和情况。

霍金斯发现，先听到虚拟问题后听到其他问题的儿童表现最好。根据这一发现，我们是否可以推断讲故事的顺序暗示儿童在接下来的问题中可以忽略自己的经验知识（通过经历或者观察所获取的知识）呢？进一步的研究表明也许事实正是如此。巴西科学家玛丽亚·迪亚斯（Maria Dias）和哈佛大学的保罗·哈里斯（Paul Harris）向 4 岁和 5 岁的儿童提了一系列推理问题，问题涉及已知事实（"所有的猫都喵喵叫。雷克斯是一只猫。雷克斯会不会喵喵叫呢？"）、未知事实（"所有的鬣狗都会笑。雷克斯是一只鬣狗。雷克斯会不会笑呢？"）或者与事实完全相反的前提（"雪都是黑色的。汤姆摸到了雪。他摸到的是不是黑色的呢？"）。在向一组儿童提问时，研究人员采取了"游戏"模式，如在问问题时向儿童展示玩具猫、狗和鬣狗，而且这些玩具还会适当地发出喵喵声、吠叫声或大笑声。第二组儿童则只是听故事前提，没有玩具或者任何演示。第二组儿童只答对了涉及"已知事实"的问题，而"游戏"组的儿童回答三种问题时都表现不错。

为了排除动物玩具对"游戏"组的儿童提供记忆提示的可能性，研究人员进行了第二个实验："游戏"组的儿童只能听故事前提，然后想象讲述的故事在另一个情况完全不同的星球上发生。这一组儿童同样表现出色——一旦他们得到警告，要准备好迎接意外，似乎就能清除头脑中无关紧要的东西，直接切入问题的核心。

这些研究表明，尽管儿童容易受到问题背景和内容的影响，但仍然能够做出推论，并且形成推断能力的年龄比皮亚杰推断的更早。

语用推理图式

另一个广泛用于测量儿童和成年人推理能力的实验是彼得·沃森（Peter Wason）于 1966 年发明的选择任务。在初版实验中，研究人员向参与者展示 4 个部分被遮挡的证物，然后询问他们需要仔细看哪一个证物来检验规则的真假。经典选择任务的测试规则如下："如果卡牌的一面有元音字母，那么卡牌的另一面是偶数。"然后，研究人员向参与者展示 4 张卡牌，告诉他们每张卡牌的两面分别是字母和数字。卡牌的正面可能是 E、K、4 和 7 中的一个。为了测试规则，参与者需要找到可能证明规则错误的卡牌。在这个版本中，一面是元音字母、另一面是奇数的卡牌就能证明规则错误，所以应该选择正面为 E 和 7 的卡牌。

只有 10% 的参与者选择正确。但如果改进实验，把更多真实内容纳入其中，参与者的表现就会有明显进步。一种观点认为，这种实验激活了参与者脑海中熟悉的知识框架——心理学家称这种类型的结构为语用推理图式（pragmatic reasoning schemas）。

其中一种模式称为许可模式（the permission schema），当我们考虑许可规则时，该模式就会被激活。因为儿童会遇到很多关于可以做什么或禁止做什么的规则，他们可能在很小的时候就会推理规则。在 1989 年的一项实验中，英国开放大学的保罗·莱特（Paul Light）给 6 岁和 7 岁的儿童做了选择任务。任务中有一条规则是："在这个镇上，警察说所有的卡车都不准停在市中心。"

人们经常用抽象的知识结构进行推理，这些知识是由日常生活经历归纳得来的，如"许可""义务"和"因果关系"。

——帕特里夏·郑和基思·霍利约克（P.Cheng and K.Holyoak）

上述规则是切合实际的，其他规则是随意的："在这款游戏中，所有蘑菇不能进入游戏板的中心区域。"研究人员向儿童展示了一块中心为棕色、四周为白色的游戏板。卡车、蘑菇、汽车和花都用图片替代。2 辆卡车（或 2 个蘑菇）和 1 辆汽车（或 1 朵花）放置在中心区域，1 辆卡车（或 1 个蘑菇）和 3 辆汽车（或 3 朵花）则放置在边缘区域。

然后，研究人员给儿童分配不同的任务。首先，研究人员让他们按照规则移动黑板上的图片，包括将卡车或蘑菇移出中心区域。其次，研究人员将一辆车或一朵花移到中心外，并询问这是否违反了规则（其实没有）。再次，儿童被要求移动一幅画，故意违反规则。最后，研究人员让儿童完成选择任务，向他们展示棕白游戏板和两张面朝下的卡牌，不让他们看到上面的图片。一张图片在中心区域，另一张图片在边缘区域。研究人员询问儿童要查看哪张图片是否违反规则，然后翻转指定卡牌，问他们这张图片有没有违反规则。他们也会翻转另一张图片，问儿童另一张是否违反了规则。

当运用卡车的现实规则时，有 45% 的 6 岁儿童和 77% 的 7 岁儿童给出了正确答案。但当运用蘑菇的武断规则时，只有 5% 的 6 岁儿童和 23% 的 7 岁儿童给出了正确答案。

> 可以明确的是，孩子对自己违反了许可规则一事心知肚明。
>
> ——保罗·哈里斯和玛丽亚·努涅斯
> （Maria Nunez）

莱特跟他的同事还发现，在涉及语用和现实语境时能够完成任务的儿童往往能够把这一能力有效应用在抽象推理上。研究人员让正确完成任务的儿童又参与了一个更抽象的有关正方形和三角形的选择任务，即"所有的三角形都必须在中间"。30% 的 6 岁儿童给出了正确答案，59% 的 7 岁儿童给出了正确答案。

许可规则

英国牛津大学的保罗·哈里斯和来自西班牙马德里自治大学的玛丽亚·努涅斯认为，即使是三四岁的儿童也能进行一些关于许可规则（permission rules）的基本推理。大多数三四岁的儿童能够从一组图片（4 张）中识别出违反规则的一张。例如，儿童被告知有一个叫萨莉（Sally）的女孩想要去外面玩，萨莉的妈妈告诉她："如果你出去玩，一定要自己穿上外套。"然后，研究人员向儿童展示几张照片，分别是在室内穿着外套的萨莉，在室内没有穿外套的萨莉，在室外穿外套的萨莉，在室外没有穿外套的萨莉。大多数儿童能够选出最后一张照片违反了规则。在被问及"萨莉做了什么淘气的事情"时，他们还能够给出合理的回答。

传递性推理

用于测试儿童演绎推理能力最常见的方法是传递性推理任务（the transitive inference task）。以下是一个传递性推理问题。

安（Ann）比布莱恩（Brian）高。

布莱恩比克莱尔（Clare）高。

安是不是比克莱尔高？

正确答案是"是"（安比克莱尔高）。

这个问题中大小关系的呈现往往是A>B>C（>表示"大于"）。在上述问题中只有3个主体（安、布莱恩、克莱尔）。在实验中，研究人员至少需要

这两个小男孩被要求出去玩的时候要穿外套。心理学家发现儿童到了3岁就能够对基本的许可规则做出推理。

5个主体来避免"标签化"的问题。可以看到，在描述问题时，安比某人高，而克莱尔没有比某人高。所以，孩子们基于安的标签做出反应，而不利用给定数据进行传递性推理，也可能给出正确答案。

现在假设问题变成下面这样。

安比布莱恩高。

布莱恩比克莱尔高。

克莱尔比大卫（David）高。

大卫比伊丽莎白（Elizabeth）高。

布莱恩是不是比大卫高呢？

要回答这个问题，就不能采用"贴标签"的方法了，因为布莱恩和大卫都有"比谁高"的标签，孩子们必须采用传递性推理。

皮亚杰认为儿童至少到7岁才会开始形成逻辑推理能力，但后续研究已经表明儿童在7岁前就会运用传递性推理了。

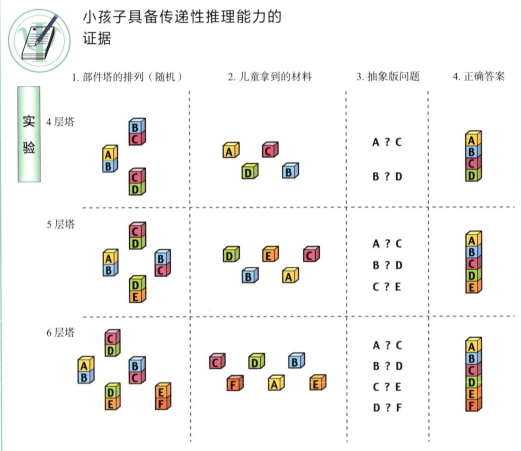

上图展示了皮尔斯和布莱恩特使用的测试传递推理能力的任务。研究人员给孩子们看成对的砖块（1）；然后研究人员给孩子们单独的砖块建塔（2）；在建塔之前，孩子们被询问砖块在塔内的相对位置（3）；最后，孩子们建成一座塔（4）。

1990年，英国牛津大学的罗莎琳德·皮尔斯（Rosalind Pears）和彼得·布莱恩特向不同年龄的学龄前儿童展示了清晰可见的房屋部件，帮助他们

减少记忆负荷，否则他们需要在头脑中记住所有相关信息。首先，他们向孩子们展示"小塔"里成对的不同颜色的砖块，然后让孩子们必须根据小塔里小砖

块之间的关系，按顺序逐块添加，建造一个更大的塔。

在部分实验中，孩子们被要求建造一个四层塔（需要 3 个部件），在其他实验中，他们需要建造一个五层塔（需要 4 个部件），而在第三组实验中，他们要建造一个六层塔（需要 5 个部件）。例如，如果展示的 6 个小塔分别是黄色在上、蓝色在下（YTB），蓝色在上、紫色在下（BTP），紫色在上、绿色在下（PTG），绿色在上、橙色在下（GTO），橙色在上、红色在下（OTR），那么孩子要建造的塔必须按照 YTBTPTGTOTR 的顺序排列。

在建塔之前，孩子们被问到一系列需要运用传递性推理能力来回答的问题，如"你要建的塔里，绿砖在上面还是蓝砖在上面"。这个问题相当于布莱恩特和特拉帕索实验中 B > D 的比较。要得出正确答案，孩子们需要使用传递推理能力，把 BTP 和 PTG 的信息综合起来。在"六层塔"问题上，C > E 的比较（PTG/GTO）也很关键。皮尔斯和布莱恩特发现，在三分之二的问题中，儿童的表现明显高于随机水平，由此他们得出结论，4 岁的儿童就已经具备传递性推理能力了。

坚持自己的观点

1971 年，英国研究者 P. 布赖恩特（P.Bryant）和 T. 特拉帕索（T.Trabasso）发表了一项调查结果，这是该领域最具启发性的研究。他们并非口头向儿童提问，而是用了 5 跟长度和颜色各不相同的棍子。（假设）红色的 A 棍比白色的 B 棍长，B 棍又比蓝色的 C 棍长，C 棍比绿色的 D 棍长，D 棍比黄色的 E 棍长。在实验的训练阶段，研究人员向儿童展示的棍子都是成对的——A 和 B，B 和 C，C 和 D，D 和 E。到了测试阶段，研究人员再次向儿童展示，但这次他们不能看到完整的棍子——棍子放在洞里，他们只能看到棍子的头。然后，研究人员再问儿童每对棍子中哪根长哪根短。儿童做出选择后，被选中的棍子就会被拿出来，揭晓正确答案。

> 采取"如果……那么……"的具体形式问问题时，孩子的正确率很高，这动摇了皮亚杰式的推理发展理论。
>
> ——林登·鲍尔（Linden Ball）

在实验的下一阶段，儿童必须在看不到反馈的情况下自己做出判断——换言之，他们不知道自己的答案是对是错。接受测试的 4~6 岁的儿童在传递性比较任务中的表现都高于随机水平，也就是说，他们答对了超过一半的问题。特别是，78% 的 4 岁儿童、88% 的 5 岁儿童和 92% 的 6 岁儿童在关键的 B>D 比较中给出了正确答案。

元认知

尽管儿童能够演绎推理，但这不一定代表他们理解自己的推理为什么是对的。要理解这一问题，他们需要有元认知技能（metacognitive skill），即思考自己思考过程的能力。此外，即使是 4 岁以上的儿童也可能没法区别逻辑必要和经验必要的结果。如果你跟 7 岁的儿童说"我手里的芯片要么是蓝色的，要么不是蓝色的"，他们往往都不会认同这一说法，直到研究人员真的打开手掌向他们展示。不能仅仅因为 4 岁或以上的儿童对演绎问题和归纳问题的反应不同，就认为他们能认识到二者之间的不同。

为了确定儿童从什么时候开始意识到演绎问题和归纳问题的不同，加拿大渥太华卡尔顿大学的凯瑟琳·加洛蒂和她的同事进行了两项实验。在实验中，他们向儿童提出了一系列涉及虚构内容的演绎问题和归纳问题。除了回答问题，儿童还需要回答对自己的答案的把握程度，并给出解释。不同年龄的儿童回答演绎问题的速度都比回答归纳问题更快。然而，幼儿阶段（4~5 岁）的儿童在回答演绎问题上的准确度并没有比回答归纳问题的准确度更高。二年级（6~7 岁）的儿童开始能够区分演绎问题和归纳问题，但得等到四年级（8~9 岁）才完全明确二者的差异。四年级的儿童对两类问题做出的反应截然不同，而且在回答演绎问题时更有把握。

守恒任务

皮亚杰认为，儿童应该在理解数字概念之后再学习数字。皮亚杰利用守恒任务（conservation tasks）来测试儿童对数字的理解。在经典守恒任务中，研究人员向儿童展示了两排相同的棋子，并问他们是其中一排棋子更多，还是两排棋子数量相同。接下来，研究人员把其中一行的棋子间隔开来，使其看起来比另一行长。皮亚杰发现，7 岁以下的儿童表示，较长的一排比另一排棋子更多，这证实了他的观点，即儿童要到具体运算阶段（7~11 岁）才能理解数字守恒。

但是，皮亚杰的守恒任务有一个问题。如果同一个问题被问了两次，这常意味着你应该改变答案。要是提问者比你年长，刚刚又做了貌似很重要的事情，这种感觉可能会格外强烈。为了解决这个难题，来自苏格兰爱丁堡大学（University of Edinburgh）的詹姆斯·麦格里格尔（James McGarrigle）和玛格丽特·唐纳森（Margaret Donaldson）设计了另一种守恒任务。在这个任务中，孩子们认识了"淘气的泰迪熊"，而且被告知这只泰迪熊有时会从盒子里跑出来"弄乱玩具、破坏游戏"。任务的第一步和之前一样，研究人员展示了两排一模一样的棋子，然后询问孩子们两排棋子的数量关系。这时淘气的泰迪熊突然出现，改变了其中一排的长度。之后，大多数 4 ~ 5 岁的孩子告诉研究人员两排的棋子数量仍然相等。

> 研究表明，孩子的年龄越大，就越容易察觉到推理任务的不同方面。
>
> ——凯瑟琳·加洛蒂、劳埃德·小松（Lloyd Komatsu）和萨拉·沃兹（Sara Voelz）

1995 年，罗伯特·西格勒发表的一项研究表明，儿童对守恒的理解是逐渐形成的，不是经过不同发展阶段的结果。研究人员让 5 岁儿童参加标准守恒任务，孩子们都失败了。然后，研究人员再让他们参加一系列不同的守恒任务，一组孩子能得到答案是否正确的反馈，另一组孩子被要求解释推理过程，然后才得到反馈。第三组孩子能得到答案反馈，但研究人员会问他们："你觉得我是怎么知道的？"于是，第三组孩子就得解释研究人员的推理过程。最后一组孩子的表现比另外两组更好。在这个过程中，他们认识到两排棋子的相对长度并不预示着每一排棋子的数量，而另外一种变化（增加或减少棋子，而不是改变每排棋子长度）改变了棋子的数量。

西格勒发现，意识到另一种变化更重要的儿童并未下意识摈弃低级的推理形式。此外，儿童从解释实验者的想法中获益的能力也存在很大差异。西格勒认为，儿童的思维不是从一个阶段过渡到另一个不同的阶段，低级的思维方式和高级的思维方式可以共存。

理解类包含

皮亚杰认为，类包含（class inclusion）也是具体运算阶段种的一种逻辑任务。例如，想象一束花中有 4 朵红花和 2 朵白花。在实验中，皮亚杰向儿童展示花束，并问他们："这里红花多还是花多？"不到 6 岁的儿童倾向于说红花更多。皮亚杰认为这证明了他们不能同时考虑一个实体的部分和整体。在这个例子中，他们不能同时考虑到红色花朵构成的子集和所有花朵构成的集合。

然而，皮亚杰的表现方式似乎违背了

"这里红花多还是花多？"这个问题措辞怪异，使用这一问题的研究人员都很难获得期待的反应。在研究幼儿的类包含思维时，问题的措辞很重要。

普通的沟通习惯。"这里红花多还是花多？"这个问题的表述很奇怪，更自然的问法是"这束花里是红花更多，还是花更多？"多项研究表明，当问题中包含熟悉的集体名词（如"一束花""一个班的孩子"或"一堆书"）时，5 岁和 6 岁（参加试验的还有 3 岁和 4 岁的儿童）的儿童能够正确回答类包含问题。

家庭事务

英国剑桥大学的乌莎·戈斯瓦米（Usha Goswami）认为，"家庭"一词在"家庭事务"中是一个特别有用的集合名词。大多数孩子都很熟悉这个词，知道家庭是由父母和孩子组成的。戈斯瓦米和她的同事们对没有完成标准类包含任务（"这里红花多还是花多？"）的 4 岁和 5 岁儿童进行了一项实验。

他们向孩子们展示了玩具老鼠一家（两只大老鼠是爸爸妈妈，三只小老鼠是孩子）或悠悠球一家（两只大的是爸爸妈妈，两只小的是孩子），接着让孩子们从各种各样的动物玩具或其他玩具里组建一个由爸爸妈妈和三个孩子组成的五口之家。然后，研究人员向孩子们提出了四个涉及青蛙、绵羊、积木和气球的类包含问题，并在问题中使用了"群体""兽群""一堆""一束"等集体名词。另一组孩子不参与"组建家庭"的任务，但也被问到同样的问题。在回答类包含问题时，参与"组建家庭"任务的那组比未参加的那组做得更好。

信息处理

根据皮亚杰的理论，儿童到 7 岁才开始形成需要用到逻辑思维的问题解决能力，到 11 岁才开始形成元认知理解（对思考的过程进行思考）。但后续研究表明，儿童

心理学家在研究儿童对类包含的理解时，"家庭"的概念尤为有用。这里使用了老虎和狮子的模型来测试这个 5 岁男孩的类包含技巧。

形成问题解决能力的时间比皮亚杰预测的更早。

信息处理学家认为阶段发展的理论是错误的，他们认为发展是渐进的。随着儿童工作记忆容量的扩大，他们能够表征更多信息，在解决问题时想到更复杂的策略。多项守恒研究证明，儿童在形成高级思维方式时，低级思维方式并不会自动消失——平衡木问题的最后一部分清晰表明了这一点。

心理学家的实验任务类型对了解儿童各项能力的发展至关重要。多次改善实验后，心理学家发现，儿童形成某些能力的时间比之前预测的更早。虽然成年人在完成解决问题的任务时明显比儿童做得更好，但是成年人和儿童往往会犯同样类型的错误，这表明能力的发展是连续性的而非阶段性的。

第七章　情绪发展

─────── 情绪是人类整体发展的关键组成部分。 ───────

人是感性的。他们的情绪自发产生（且有别于心情），但不同的人在不同情境下经历的情绪类型不同，控制情绪反应的方式也不同。这些差异是如何形成的呢？情绪发展又是如何与儿童的认知发展和社会发展产生联系的呢？父母对子女的教养会对儿童的情绪发展产生怎样的影响呢？

情绪发展阶段

关于情绪发展的成因有多种不同的理论，情绪发展的顺序也有不同的说法。但到目前为止，情绪发展的节点大致可以归纳为以下 4 个阶段。

出生至 4 个月

婴儿最常用哭来表达情绪，哭是他们唯一的交流方法。婴儿至少有三种哭法，照顾他们的人能够迅速分辨。最常见的哭表示饿了，另外两种分别代表他们的愤怒和疼痛。在婴儿出生的头一年里，如果照料者和父母能在婴儿哭的时候迅速回应，就能培养婴儿产生强烈的信任感。在这个阶段，婴儿会产生痛苦和厌恶情绪，他们开始用微笑社交，还会产生生气、惊讶和

面对同样潮湿的天气，这两个男孩可能产生不同的情绪反应。一个兴致勃勃地看着窗外，另一个因为担心被淋湿而没法出去玩。从 2 岁起，他们就能用语言表达自己的感情了。

难过的情绪。

4~8 个月

婴儿开始表达更多情绪。他们通过发出咯咯笑、轻哼、哀号、哭泣等声音，或

通过踢腿、挥手、摆动身体和笑等动作来表达快乐、开心、恐惧和沮丧等情绪。

18 个月

大概 18 个月大的幼儿开始形成自我意识。他们在镜子前认识自己的形象，开始摆脱父母和照料者的依赖。这个年龄的幼儿往往表现出丰富的情绪，前一分钟还玩得很开心，下一分钟就躺在地上哭。人们普遍认为这种行为是幼儿培养自我意识的正常表现。

2 岁及以上

从 2 岁起，大多数儿童能够用语言交流他们的想法和感受。语言让情况更简单又更复杂——虽然儿童能用语言明确表达自己，但又出现了其他影响因素。例如，儿童说的可能是他们认为别人想听的内容，不一定是自己的想法，或者他们无法用语言准确地表达自己。

所以，语言能力既给了人自由，又给了人束缚，这种矛盾在人的一生中都有迹可循。儿童越来越擅长控制或压抑情绪，或者有时用心情代替。心情不是感受，而是一种心理状态，持续时间相当长。心情跟情绪不同，情绪的本质决定了其自发、短暂的特点。

儿童很快就学会了控制或调节自己的情绪。尤其当儿童年纪较小时，情绪调节往往发生在他们跟其他人（尤其是父母、兄弟姐妹和同龄人）的社交过程中。

从婴儿期开始，人的性格在一生中的不同阶段会有各种差异。对许多动物来说，母亲和婴儿之间会形成一种紧密联系。对人类来说，这种联系是一个复杂的系统，是一种灵活持久的依附关系。不同父母对孩子的喜爱度和接受度不同，对孩子行为的约束程度也不同。不同养育风格对儿童

弗洛伊德的影响

焦点

西格蒙德·弗洛伊德（Sigmund Freud）是发展心理学理论领域的重要人物。他强调生物因素在"自我"意识和性格的形成过程中至关重要，认为正常的社交和情绪发展、各种精神疾病都能够通过追溯个人的童年经历找到成因。几十年间，弗洛伊德研究其他科学家的成果，观察自己的患者，提出了一个突破性理论，他在理论中强调了生物因素的强大动力和人类行为中无意识过程的作用。

　　弗洛伊德提出，人类行为的实现受一种内在动力驱使，他将其称为"力比多"（libido）。力比多的定义是源于本我（id）的一种精神能量，本我是潜意识中的一种原始本能。该理论认为，我们出生时充满困惑，无法感知世界，由于我们必须获得营养和照顾，一些原始驱动——如饥饿和干渴——逼迫我们向外寻找所需的东西。婴儿受本我驱动，这种自我的本能寻求快乐和满足，逃避痛苦和恐惧。很明显，婴儿既不能选择父母，也不能控制环境，因此本我很容易在满足需求的过程中感到沮丧。弗洛伊德相信，婴儿在出生后会迅速形成自我（ego），在本我驱动和真实世界的需求与限制之间找到平衡。与本我不同，自我更为理性——它会思考世界、认识个人经历。等儿童长大学会了社会规则和社会伦理，第三种结构超我（superego）就形成了。超我是让我们举止得当、融入秩序社会的意识。弗洛伊德相信，一旦本我、自我、超我形成，我们一生中对自身经历的意识都是自我在本我需求（快乐）和超我（道德）之间寻求平衡的结果。正常发展和精神健康是自我发挥作用、不让本我或超我掌控个人的结果。

　　弗洛伊德的理论影响力巨大，因为它强调首因——人生早期经历影响到后续发展——及潜意识的重要性。直到今天，弗洛伊德的观点仍然为临床心理学家所认可。

图为西格蒙德·弗洛伊德的铜像。他认为人的早期经历会对后续生活产生重要影响，强调潜意识的作用，他的诸多观点至今仍受到心理学家的认可。

发展具有重要影响。

虽然人们普遍认为儿童发展具有 4 个阶段是既定事实，但对于诸多情绪发展理论的正确性却难以达成共识。然而，所有人都对复杂的情绪发展产生了兴趣。心理学学生需要了解情绪发展，从而组织想法，形成新的观点。

婴儿期和儿童期的情绪发展

婴儿期和儿童期的情绪发展是形成个性的关键方面，也一直是许多研究的焦点。情绪是一种推动个人采取行动的感觉状态。情绪不仅仅是形容这些感觉状态的语言标签，还包含生物或生理成分——例如，生气和恐惧与心率和血压加速有关。

情绪还涉及思考和感知。如果人们因为发生的某件事情感到恐惧或生气，应该先感知情绪，然后决定如何处理，最后再做出反应。例如，如果在玩拨浪鼓的婴儿突然听到敲打铁锅的声音，会因为恐惧而放下拨浪鼓开始啼哭。但是，如果用拨浪鼓敲打铁锅是游戏的一部分，婴儿就会因此而感到愉悦，因为敲打声的出现在他们的预料之中。

要点

- 西格蒙德·弗洛伊德提出意识思维和无意识思维的概念，并就两种思维对情绪与人格发展的影响提出独特见解。
- 埃里克·埃里克森（Eric Erikson）把发展描述为一系列人格危机，必须解决每个阶段的具体问题才能进入下一阶段。
- 情绪是对人类产生物理影响的互不影响的感觉状态，可能会激励人们采取行动。一级情绪和二级情绪在婴儿期和学步期的不同时间形成。
- 儿童必须学会控制或管理情绪。大

多数情绪管理发生在他们与父母、兄弟姐妹或外界同龄人的社交中（对幼儿来说尤为如此）。
- 从婴儿期开始，人的性格在一生中的不同阶段会有各种差异。
- 对许多动物来说，母亲和婴儿之间会形成一种紧密联系。对人类来说，这种联系是一个复杂的系统，是一种灵活持久的依附关系。
- 不同父母对孩子的喜爱度和接受度不同，对孩子行为的约束程度也不同。不同养育风格对儿童发展具有重要影响。

> 对生命的认知是一回事；在生命中占据一方，让生命的动态变化流过你的身体是另一回事。
>
> ——威廉·詹姆斯

这个 5 岁的小女孩第一天上学。她会在学校遇到同学和老师，还会受到他们的影响。一想到上学，她可能会感到恐惧或兴奋，妈妈的态度也会影响她如何适应这个人生中的重大变化。

情绪是什么时候形成的？是生来就有的吗？如果是的话，后期又是如何变化的呢？人们针对这些问题展开了许多研究，主要做法是研究人员让婴儿受到某种刺激，然后观察他们的面部表情，这些刺激一般会让成年人产生特定的情绪。保罗·埃克曼（Paul Ekman）与其他科学家在多种文化背景下进行研究，以展示世界各地的儿童和成年人在同样的情绪下会有相同的面部表情。只要假设婴儿用同样的面部表情来表现情绪，我们就能够确定很小的儿童是否具有这些情绪。在这些研究中，研究人员会让婴儿受到某些刺激，这些刺激会让年龄较大的儿童和成年人产生特定情绪，例如，成年人会被突然出现的嘈杂噪声吓到，或者因为看到一个温柔有趣的东西而面露笑容、心生喜悦。如果儿童也做出类似的面部表情，我们就认为他们对该刺激产生了情绪反应。

一级情绪

有证据表明，婴儿在 6 个月大时就已经形成了所谓的一级情绪——感兴趣、喜悦、惊喜、伤心、生气、恐惧和恶心。研究人员对多种情绪的形成持不同观点。部分科学家认为婴儿最初只有满意和痛苦两种基本情绪，其他情绪都是随着时间的推移逐渐出现的。也有观点认为这些情绪始于生命伊始，但由于婴儿的身体未发育完全，他们无法做出传统的外在表现形式，所以情绪的表达并不明显。值得注意的是，由于研究人员仅通过观察婴儿的面部表情研究其情绪（5 个月大的婴儿无法解释自己啼哭的原因），所以无法明确区分婴儿表现的情绪和他们感受的情绪。这一点十分关键，虽然所有儿童生来都具有感知各种情绪的基本能力，但他们在情绪表露程度、情绪反应的激烈程度和控制情绪的能力上都会有巨大差异。

二级情绪

婴儿在出生的第二年会形成更复杂的情绪。有人认为其原因在于婴儿形成了"自我"意识，且越来越了解周围人对他们的期待。这些更复杂的情绪被称为二级情绪或社会情绪，如羞愧、愧疚和尴尬。二级情绪形成的同时，儿童开始表现出明显的自我意识，并发展出语言技能。在这一阶段，个体差异也起到关键作用。有的学步期儿童对社会情绪非常敏感，所以十分乖巧；但对于有的学步期儿童来说，二级情绪的形成阶段较短，他们几乎不在乎其他人对规范行为的期待。对恐惧、喜悦和羞愧情绪的不同感知正是形成个人特征的原因。

埃里克·埃里克森

焦点

精神分析学家埃里克·埃里克森认为弗洛伊德奠定了一些重要的基础，尤其是他提出了区分自我、本我和超我的理论，但他也认为弗洛伊德过分强调了性和原始驱动力，而忽略了社会和环境因素对个人的影响。弗洛伊德的理论只包含了成年早期，仿佛自我在这个阶段以某种方式完全形成，但埃里克森宣称自我的形成贯穿整个人生阶段。

弗洛伊德认为力比多是形成动力的关键，相反，埃里克森认为随着人的发展，我们面临一系列发展任务，这些任务会不可避免地导致社会心理危机。我们在有意或无意地决定人生发展的方向时，危机就会产生。

这些危机是普遍的（所有文化中的所有人都会经历），唯一的解决方法就是使自我与外界互动。弗洛伊德认为心理社会发展是一种平衡个人生物需求与社会需求的行为，埃里克森同意此观点，他将这些危机总结为八个阶段：要想进入下一阶段，就必须解决前面的危机。

第一阶段出现在婴儿时期，被称为"信任和不信任的冲突"（trust or mistrust）。婴儿必须学会依赖照顾他们的人。在这个阶段，他们与最早照顾他们的人形成一种有力且持久的情感纽带。第二阶段被称为"自主或羞耻与怀疑的冲突"（autonomy or shame and doubt，2～3岁）。学步期儿童经历这一危机时必须更加独立，学会进一步掌控周围的世界，并开始意识到自己需要一直克制、调解自己的强烈欲望，否则会遭到其他人的排斥。第三阶段是"主动与内疚的冲突"（initiative or guilt，3～6岁）。这一危机的成因是儿童形成了目标和摆脱父母的独立心理，只有解决该危机，儿童才能够独立生活。超我就形成于这一阶段。

第四阶段是"勤奋与自卑的冲突"（industry or inferiority，7～12岁）。儿童开始喜欢能够激励他们和引发兴趣的活动，他们学习新技能，获取知识，并开始想把学到的知识应用到不同场景中，从而获得成就。第五阶段是"自我同一性和角色混乱的冲突"（identity or confusion，12～18岁）。在这一阶段，青少年的喜恶、信仰、行为与道德观念开始确定，他们开始接受矛盾，但仍保持清晰的自我意识。

第六阶段是"亲密与孤独的冲突"（intimacy or isolation，18～20岁）。年轻人把注意力从建立个人身份转向与其他成年人建立长期恋爱关系。他们想与其他人在一起感受爱，又想独立自由，难点在于在二者之间找到平衡。能够同时感受爱并保持独立的人就能成功解决这一危机。第七阶段称为"生育（停滞）与自我专注的冲突"（generativity，stagnation，or selfabsorption，20～50岁），这一阶段的成年人必须考虑同辈、家庭成员和儿童的需求。最后，50岁以上的成年人会经历"自我完整与绝望期的冲突"（fulfilment or despair），老年人不得不对抗濒临的死亡，面临逐渐衰弱的身体，他们不得不回顾总结自己的人生。

从青年时期过渡到成年时期，人们确认自己的信仰与喜恶。他们必须学着接受其他事物的矛盾并保留自我意识。埃里克森将这一发展阶段称为"自我同一性和角色混乱的冲突"。

情绪调节

感受情绪只是整个复杂过程的一部分。一旦开始感受到某种情绪，人们就需要对其进行控制，既可以从大脑内部控制，也可以改变引发情绪的外在环境。情绪调节指出现强烈的情绪反应时，人们为控制神经系统而采取的各种行为和认知。

情绪在人们适应多变的外界环境时出现。人害怕时，会感受到心跳加速和反胃。但这些生理感受只是暂时的，如果这种恐慌状态持续数天或数周，那将是无法忍受的。若想生存，人类物种需要由强烈的内在信号驱动做出行动。然而，一旦对这种信号的需求过去了，人类也需要一种调节情绪的方法，才不会对周围发生的所有事情做出消极反应。如果没有情绪调节，我们将时时草木皆兵，一事无成。

> 身份认知的形成贯穿整个婴儿早期；从孩子第一次认出妈妈并感受到被妈妈辨认时就开始了……但他还会经历多个阶段……直到青年期迎来身份认知危机。
>
> ——埃里克·埃里克森

情绪调节是研究婴儿与儿童的情绪发展和社会认知发展的关键。能够良好地调节情绪的人就能够享受与他人交往，并在这个过程中学习到重要的新技能，同时还能够学习语言和学习技能，从而在复杂社会中发挥作用。无法调节情绪的人难以跟周围的人与物交往并从中获益。糟糕的情绪调节能力也是儿童期、青年期和成年期出现行为和情绪问题的关键。

情绪的协同调节

尽管婴儿有一些基本的情绪调节能力，但他们几乎无法调节情绪。例如，一些婴儿在受到过度刺激时，可以通过转移视线、吮吸拇指或拳头来安抚自己。即使他们拥有这些基本的技能，小婴儿仍然依赖父母

良好的情绪调节能力有助于人们享受与他人的社会交往。在儿童时期形成情绪调节能力是学习语言和沟通技巧的关键，这两种能力在未来至关重要。婴儿严重依赖父母帮助他们调节情绪反应。

帮他们调节情绪反应。例如，父母能够抱紧并安慰受惊的婴儿。婴儿对某种东西表现出强烈兴趣时，父母能够把东西移近让他们看清楚，婴儿开始做出应激反应时，父母可以把东西拿开。这种情绪的调节（协同调节）是整个婴儿期和儿童期亲子关系的核心组成部分，在亲子关系的发展过程中，夫妻双方会更好地调节孩子的情绪。

一旦婴儿掌握了语言技巧，情绪的协同调节便更多地通过言语完成。例如，8个月大的婴儿对陌生人表现恐惧时，需要父母把他抱入怀中轻摇安慰；在同样的情况下，父母会一边拉着2岁孩子的手，一边说："别怕，这是我的同事萨莉，她人很

纽约纵向研究

案例研究

美国心理学家亚历山大·托马斯（Alexander Thomas）和斯特拉·切斯（Stella Chess）首先系统地研究了婴幼儿和儿童的气质发展。他们从20世纪50年代开始进行了纽约纵向研究（New York Longitudinal Study）。在这项研究中，他们以一组婴儿为对象，评定他们的气质，并持续到他们上学。他们采访了孩子们的父母，然后对他们的描述进行编码和评分。通过研究，切斯和托马斯确定了9种导致婴儿和儿童气质差异的关键属性，分别为：（1）活动水平；（2）进食、睡眠和如厕的规律；（3）对新的人（陌生人）或新物体的反应；（4）对环境体验的敏感性；（5）适应性，或适应环境突然变化的能力；（6）行为强度；（7）注意力和坚持任务的能力；（8）注意分散度；（9）总

体情绪（易怒、快乐、悲伤或孤僻）。

托马斯和切斯将婴儿分为3种类型。人数最多是易养型婴儿，他们具有良好的适应性和自我调节能力、专注、快乐且满足，并且对环境的变化不太敏感，如被转移到新地方或玩具被拿开时不太敏感。相比之下，难养型婴儿适应能力要差得多。他们爱挑剔，经常哭闹，难哄，睡眠、饮食和上厕所的时间也不规律。这些婴儿往往对环境的变化非常敏感，频繁做出强烈反应。第三种是慢热型婴儿，他们不像易养型婴儿那样快乐和满足，但也不像难养型婴儿那样强烈易怒。相反，最后一组婴儿表现出较低的能量水平，经常回避陌生人或新情况。尽管他们经常哭闹挑剔，但这些消极情绪通常比较温和。在这项研究中，大约有三分之一的儿童无法分类，因为他们没有基于这9种属性表现出明确的行为和情绪模式。

好，你要不要跟她打个招呼？"

儿童开始上学后，尽管还无法完全摆脱外界的帮助，但通常能自己调节大多数情绪反应。父母、老师或同龄人都能够提供帮助。即使到了成年，大多数人因为某个特别的想法或情况感到生气、难过或害怕时，也需要偶尔跟父母、兄弟姐妹或朋友倾诉，因为像家庭成员这样亲密的人能帮我们重新控制这些情绪反应。

个体气质

儿童会有明显的发展过程。例如，从一开始不会说话到逐渐掌握语言技能，最后学会阅读。儿童在不同情况下的行为和情绪类型很多样。不同的青年和成年人的性格各不相同。同样，婴儿和小孩子对刺激或可怕的事件或情况（或其他人）做出的情绪反应不同，对环境变化的敏感度也不同。在情绪、注意力及反应上的个体差异很大程度上跟遗传有关，可概括为个体气质的差异。纽约纵向研究在气质研究方面做出了重要贡献。但是，目前关于气质的研究和理论并未强调儿童身上的这9种属性，而是重点描述跟儿童注意力、情绪和物理活动相关的生理和大脑系统在婴儿期、儿童期、青年期和成年期的变化情况。

如今，许多研究人员喜欢评估儿童的反应程度，同时评定他们控制或自我调节这些反应的能力。

婴儿纽带

大多数发展心理学家认为，为了正常生存发展，儿童都必须在婴儿期与父母或照料者形成一种持久的情绪纽带。人类行为学是观察动物（包括人类）在其自身环境中的自然行为的科学，母婴纽带这一概念正是心理学家从人类行为学借用得来的。康罗·洛伦兹（Konrad Lorenz）是影响力最大的人类行为学家之一，他对动物印记（纽带）本质的研究对发展心理学产生了重要影响。他最著名的研究包括评估幼鹅行为。同其他鸟类相同，鹅会与破壳后看到的第一个移动物体建立有力的纽带，它们

康罗·洛伦兹把对动物学的兴趣和心理学研究结合起来。他对动物行为的研究创立了现代行为学，即对人和其他动物行为的比较研究。1973年，他的开创性成果为他赢得了诺贝尔奖。

看到的往往是母鹅。这种纽带对幼鹅的生存至关重要，因为它们必须离母鹅很近，寻求保护，才能避免被捕食者吃掉。

基于单一原则对生命做出的简单定义注定是失败的。

——康罗·洛伦兹

洛伦兹发现，如果刚孵化的幼鹅看到的第一个移动的人是他，就会记住他，并且把他当成母亲，对他亦步亦趋。这种与生俱来的建立纽带的能力会随幼鹅的长大变得越来越弱，这说明在鹅的生长过程中，印刻发生在一个关键期或敏感期。其他研究人员在山羊等哺乳动物中发现了相似的

哈洛的幼猴研究

案例研究

西格蒙德·弗洛伊德认为，婴儿出生后的前几年会跟母亲建立紧密的情绪纽带。他提出这种纽带的成因是所谓的驱力减低——即婴儿必须满足营养需求，母亲因为能够满足该需求而与婴儿建立了有力的情绪联结。

哈里·哈洛（Harry Harlow）通过开展幼猴实验研究人类发展，是首个证明驱力减低理论的人。猕猴幼儿往往依赖母猴。20世纪50年代，他以未有母猴陪伴的新生猕猴为对象开展了一系列实验。

哈洛设置了多种实验条件，测试幼猴与母猴建立纽带到底是为了满足食物需求还是被抚摸与拥抱的需求。幼猴被关在笼子中，有些笼子中放置了铁丝做成的母猴模型，有些笼子中放置了软布做成的母猴模型。在部分实验中由铁丝模型给幼猴喂食，在另外的实验中则由软布模型给幼猴喂食。实验结果非常清晰。即使铁丝模型喂食，幼猴也几乎不花时间跟这个模型相处；相反，他们很喜欢软布的母猴模型，尤其是感到害怕的时候。哈洛得出结论，幼猴与母猴之间依恋关系的形成是基于接触抚摸，而非喂食。

心理学家哈利·哈洛以新生的猕猴幼儿为对象研究婴儿与母亲之间的情绪纽带。

纽带。这一研究提出了一个重要问题——人类婴儿是否会跟他们的母亲形成纽带呢？如果答案是肯定的，那么婴儿出生后的前几个小时或前几天对纽带的影响有多大呢？为了找到答案，约翰·肯内尔（John H. Kennell）和马歇尔·克劳斯（Marshall H. Klaus）进行了一项著名实验，他们让一组妈妈跟婴儿多次进行身体接触，而另一组妈妈则不跟婴儿接触。

他们得出结论，出生后最初几天的身体接触对母亲和婴儿之间形成强烈的情感纽带至关重要。然而，这种影响不是很明显，其他研究人员未得出相同的实验结果。因此，纽带对人类婴儿情感发展的重要性仍不清楚。

依恋理论

几乎在洛伦兹进行研究的同一时间，英国伦敦的临床心理学家约翰·鲍尔比（John Bowlby）开始构想依恋理论（attachment theory）。这一理论在 20 世纪后半叶也对发展心理学产生了重要影响。鲍尔比认为婴儿与父母之间的纽带不能用简单的印记过程来解释。鲍尔比观察了许多很早就跟父母分开或沦为孤儿的婴儿和儿童，通过临床观察，他发现大多数这类儿童似乎无法与父母或其他成年照料者建立亲密关系。因此，他提出有一种天然联结婴儿与

生命的季节

1970 年，丹尼尔·J. 莱文森（Daniel J. Levinson）提出了一个理论，抓住了个体的社会和情绪生活中时时变化的各方面。莱文森没有从性格出发，他认为要想了解个人，必须考虑他们的生活结构，即在恋爱、婚姻、家庭和职业方面所做出的选择类型。他的研究提出了一种方法，通过这种方法可以诱导人们分享并细述他们的生活过往。他后来的工作主要集中在 1980 年至 1982 年对女性进行的采访上。

一个人的一生包括与他人不断形成的关系。莱文森提出了四个阶段，每个阶段都包括持续数年的过渡时期。第一阶段是成年前期（18 岁以前），这一阶段的主要发展任务是摆脱对父母和照料者的完全依赖，转向独立自主。在过渡时期（17 ~ 22 岁），青少年或年轻人开始为成年做准备，开始形成未来的梦想。第二阶段是成年初期（22 ~ 40 岁），个人进入了精力充沛、积极进取的生命阶段，追求梦想抱负，但这一阶

段他们有所牺牲，因为他们必须做出让自己身心俱疲的艰难决定。之后是中年过渡期（40～45岁），他们越来越清楚地意识到一个事实：他们实现梦想的时间越来越少了。根据莱文森的理论，这是人们跟一直以来依赖的父母和其他长辈别离的重要阶段，我们完全认识到自己，以及我们能为别人做什么。

根据莱文森的理论，第三阶段是中年期（45～60岁），人们不再那么关注自身的梦想抱负，而是把注意力放在别人的幸福上，如放在年老的父

莱文森把人生的第四个也是最后一个阶段（从65岁到死亡）称为"成年晚期"。这可能是一段非常充实的时光，就像这对在海滩上享受放松的老夫妇一样。上了年纪的人不得不思考他们生活中的局限和成功，并接受抱负未实现的事实。

母和快速成长的孩子身上。

又一个过渡期（60～65岁）后，第四个也是最后阶段——成年晚期（65岁到死亡）开始了。在人生的这个阶段，人们的目标是接受和理解自己的优势和局限。这与埃里克森的最后发展阶段相似，这一阶段可能导致满足或绝望，因为个体必须应对越来越多的健康问题，并反思生活——随着死亡的临近，这个阶段的成年人在与他人保持密切联系的同时，会对生活产生一种超然感。

母亲的依恋系统。如果这个依恋系统正常发挥作用，就能够很好地保护婴儿，因为婴儿能够紧紧地依靠母亲，避开危险。不仅如此，鲍尔比还提出母亲和其他的依恋角色（让婴儿依恋的人）让婴儿探索世界而不陷入危险，能够促进婴儿的健康发展。

婴儿探索世界时面临许多不同的经历和刺激，在这个过程中，他们的大脑快速发展。

失去所爱之人是人类承受的最强烈的痛苦经历之一。

——约翰·鲍尔比

这种依恋关系在婴儿安全需求的驱动下形成。婴儿感到害怕时会哭泣，或者会往妈妈的方向爬行或奔跑，理想情况下妈妈会快速反应，安抚婴儿。一旦婴儿再次冷静下来，他们就能继续探索周围的环境，并且知道如果他们害怕，妈妈会一直在原地保护他们的安全。鲍尔比认为，婴儿既要感到安全（才不会总觉得害怕），又需要探索环境，因此，一段健康的依恋关系需要妈妈找到平衡，既能让婴儿探索世界，又要让婴儿觉得安全且不被过分保护。在陌生环境中，有健康依恋关系的婴儿把照顾自己的人当作安全基地，学会探索新事物，认识陌生人；而当情况变得可怕时，他们回到照料者这边，寻求安抚，直到准备开始新的探索。

鲍尔比认为，随着时间的推移，婴儿与妈妈或其他照料者之间的经历组成了婴儿处理关系的内在工作模式，代表他人可信度的一种模式或"地图"。鲍尔比理论中最重要的一点是婴儿的依恋关系给未来的发展设定了阶段，因为这种关系将影响儿童与他人的社会关系的质量以及他们的社会发展与情绪发展。

婴儿依恋

美国心理学教授玛丽·安斯沃斯（Mary

这对母子显然已经建立了安全且稳定的亲密关系。

Ainsworth）是鲍尔比的同事，她曾环游世界，在实践中验证鲍尔比理论的方方面面。安斯沃斯推断，几乎所有婴儿都依赖父母，但依恋关系的质量不尽相同。为什么有些母婴之间形成了稳定的依恋关系，而有的则不能，安斯沃斯认为原因很重要。为此，她进行了经典研究，仔细观察了大量的母婴关系。安斯沃斯的研究对象是年龄稍大的婴儿，因为鲍尔比的理论强调，大一点的婴儿做出的依恋行为最明显。在这个研究中，她注意到有的母亲在婴儿哭泣或焦虑时反应敏感迅速，有的母亲则做不到，还有一些母亲完全忽视自己的孩子。安斯沃斯坚信母亲的反应对依恋关系的质量很重要，于是创造了一种被称为"陌生情境"的实验室研究方法，旨在测量儿童的依恋关系：婴儿面对与

焦点

鲍尔比的发展阶段

很多实验研究了婴儿与照料者之间的关系的本质。英国心理学家约翰·鲍尔比认为，父母与孩子之间的依恋关系既不是天生的，也不是突然出现的，而是在婴儿出生前两年慢慢形成的。

在婴儿初期（即出生不到 6 个月），婴儿的行为并未表明他们跟某个人之间具有有力的情绪纽带。陌生人进入房间，婴儿会跟他们开心地玩耍，父母离开房间再回来，婴儿也没有表现出忧虑。到了 6~8 个月，大多数婴儿被母亲单独留下时，尤其是在陌生环境中，都开始表现出分离焦虑或忧虑。这一结果清晰地表明，婴儿正对特定的人形成明显偏爱，如他的父母。婴儿依恋关系的形成是出于社会原因，而非基于食物和温暖等生理需求。西格蒙德·弗洛伊德基于自己的研究提出了驱力降低理论，该理论认为婴儿建立依恋关系纯粹是为了满足生理需求。等到 6~8 个月或再大一点，大多数婴儿还会形成对陌生人的恐惧，这种恐惧反应平均在 12 个月左右达到巅峰，但儿童对陌生人的

态度很不同。例如，对有的婴儿来说，这种强烈的恐惧感持续了整个童年，而其他婴儿对陌生人十分友好，这也让父母很头疼。

鲍尔比将婴儿出生后前两年的变化描述为一系列阶段。

阶段 1：前依恋关系（0~2 个月）

婴儿不对照料者表现出明显偏爱，也不区别对待跟他打交道的人。

阶段 2：形成中的依恋关系阶段（2~7 个月）

婴儿的行为清晰地说明他们能认出照料者和兄弟姐妹。

阶段 3：鲜明清晰的依恋关系阶段（7~24 个月）

这个阶段的儿童跟父母分开时会忧虑，被陌生人包围时会生气或者表现出明显的忧虑。正是在这个阶段，学步期儿童学会跟照料者和其他人交流，从而重获亲密感和安全感。

阶段 4：纠正目标的依恋关系阶段（24 个月及以上）

由于儿童能够意识到父母的意图，口头表达自己的需求，儿童和照料者之间的关系更加平衡。

母亲分离和团聚时的反应显示了婴儿的安全感。该方法至今仍在使用。

陌生情境实验包含多个步骤，每个步骤大概持续3分钟：（1）母亲和婴儿一起待在放有玩具的房间中；（2）陌生人进入房间，慢慢尝试跟婴儿玩耍，母亲离开；（3）陌生人跟婴儿一起待在房间；（4）第一次团聚：母亲回到房间，陌生人离开；（5）母亲离开，留婴儿一人；（6）陌生人回到房间，跟婴儿待在一起；（7）第二次团聚：母亲回到房间，陌生人离开。

婴儿依恋的类型

安斯沃斯的研究显示了四种婴儿依恋关系的类型。所有的研究结果都表明安全型依恋关系的比例最多。在安全型依恋关系中，婴儿的行为反映出他们在压力下能够信任并依赖照料者。在进行陌生情境实验时，安全型依恋关系中的婴儿在母亲离开房间时变得非常沮丧，母亲回来后又能够快速得到安抚。在安全型依恋关系中，母亲会通过拥抱、跟婴儿说话来安慰婴儿，过了一两分钟，婴儿就会平静下来，开始重新探索环境。

跟安全型婴儿相对的是两组不安全型婴儿。和安全型婴儿一样，焦虑矛盾型或抗拒型（非安全型）婴儿在父母离开时表现出明显的痛苦，但父母回来后却无法得到安抚。这些婴儿经常表现出被抱和被安慰的需求，但父母真正要拥抱或者安慰他们时却会遭到抵制，因为这些婴儿无法平静下来。第二组是回避型婴儿，当父母离开或回来时，他们通常很少或根本没有明显的痛苦迹象；即使父母离开时他们的确感到不安，但他们似乎在父母回来时会无视他们。最后一组是混乱型婴儿，他们还未形成任何形式的有组织的依恋关系，这让科学家感到担忧。他们可能看起来是安全型婴儿，在与父母分离或团聚的不同时刻表现出缺乏安全感，但有时会做出一些怪异行为，如突然僵住、精神恍惚或不断地来回摇晃。

> 最令我震惊的是婴儿的充沛活力和极高的主动性。婴儿并非被动地接受他人的行为……他们是自身经历的主动发起人。
>
> ——玛丽·安斯沃斯

已经有大量研究表明，安全型婴儿长大后最可能顺利形成社交和情绪技能。与其他两组相比，他们跟朋友和伙伴之间更容易形成互助的关系，无论在家里还是学校，他们都很擅长应对困境。同样清晰的是，婴儿和儿童是否能够建立起安全型依恋关系，跟育儿方式有一定关系。正如鲍尔比提出的，安全型婴儿的父母往往能够敏感地察觉到儿童的需求，然后快速做出反应。

成人依恋

最近，依恋理论学家玛丽·梅恩（Mary Main）扩大了研究焦点，将青少年和成年人的依恋关系也纳入研究。研究发现，成年人会基于童年的关系形成内在关系处理模式。认为他人可信且友爱的儿童长大成人后，也最可能建立令人满意的关系，健康成长。

安全独立的成年人能够清楚地记得童年时期开心或难过的所有经历。这些安全型成年人跟朋友与爱人之间的关系亲密且深刻，能够获得他们的支持。这类成年人对应安全型婴儿，他们最快乐，对社交关系最满足，心理状态最健康。

疏离型成年人在回忆过去以及谈及现在他们与父母的关系时，表现得更加独立自主，并且贬低自己与父母和他人的关系，这类成年人对应回避型婴儿。

痴迷型成年人面对童年

孩子在幼儿园里发展的社交和情绪能力跟父母如何对待他们有一定关系。安全性依恋婴儿在忧虑时会受到父母的安慰，这为婴儿长大后跟同龄人之间建立互助关系奠定了基础。

及现在他们与父母的关系时总表现出焦虑，他们担心这些关系中的问题无法解决，有时甚至沉溺于担忧情绪，影响了自己与他人交往的能力。这类成年人对应焦虑矛盾型或抗拒型（非安全型）婴儿。

混乱型成年人似乎未形成结构化的依恋关系。他们对过去的记忆模糊，无法连贯地讲述他们跟父母及他人的关系。这类成年人对应混乱型婴儿，跟其他依恋类型相

这些认为他人可信、友爱的孩子更容易跟他们建立快乐和满足的关系。记得童年经历的人更可能长成安全、自主的成年人。

比，他们难以建立关系，容易出现更多的心理问题。

育儿方式的差异

最早的发展心理学家主要对亲子关系为何存在差异有很大兴趣。在 20 世纪中期，科学家开始意识到，各种文化中不同的育儿方式可以描述为两个"维度"或属性——父母对子女的温暖或接受度，以及对他们行为的控制或管束程度。

在这个研究中，科学家发现有的父母亲近子女，对他们温暖有爱；有的父母对子女不冷不热，或者充满恶意，消极对待甚至抵制子女。他们还发现，有的父母严格控制孩子的行为，有的父母对子女行为的控制力度比较弱，有的父母几乎不控制子女。

温暖和控制是育儿行为的两个主要方面，二者互不干扰。有的母亲可以对孩子温暖有爱，同时管控严格，要求孩子按照她的规矩办事。相反，有的母亲对孩子温暖有爱，还不加约束。这个研究清晰地表明，要想描述并了解育儿方式及其对孩子的影响，心理学家需要考虑父母给孩子的温暖和控制分别是多少。

鲍姆林德的育儿风格

20 世纪六七十年代，戴安娜·鲍姆林德（Diana Baumrind）的理论与研究对育儿心理学产生了重大影响。鲍姆林德提出，育儿行为的两方面可以有效地将育儿方式或风格分类。她提出不同的育儿风格极其重要，因为它能够解释为什么有的儿童表现更好、适应性更强。鲍姆林德认为，在规范孩子行为、帮助孩子实现健康的社会和情绪发展时，运用特定的育儿风格是最有效的。

权威型父母是指那些对孩子的热情程度相对较高，对孩子施加中度到高度控制的父母。权威型父母对孩子比较严格，在孩子做出不当行为时会加以纠正。然而，这类父母对孩子施加控制时，又让孩子清晰地认识到

针对青少年和成年人依恋关系的研究表明，育儿方式对青少年的交往方式有一定的影响。内在关系模式是基于儿童时期的关系形成的。

自己被爱和被接受。这些父母通常跟孩子亲密热情，同时明确说明自己期待乖孩子，必要时他们会重新引导或管教自己的孩子。

鲍姆林德和其他科学家发现，权威型父母的孩子不仅适应性很强，社交与情绪技能成熟，还能力出众。这些孩子最可能取得良好的学习成绩，也能够跟同龄人和谐相处。

专断型父母跟权威型父母一样，他们会对孩子施加中度到高度的约束。不同的是，专断型父母严厉、消极，有时对孩子充满敌意。例如，专断型父母管教孩子时，亲子互动很可能是严肃的，甚至充满冲突和惩罚。鲍姆林德发现，这些父母无法有效促进孩

专断型父母和孩子之间的交流往往充满冲突，容易诱发孩子的负面情绪。上图中的男孩因为成绩差被母亲责骂。

子健康的社交和情绪发展。这项研究及随后的研究表明，专断型父母的孩子更可能不成熟、社交能力差、情绪消极，学习成绩差，而且无法跟他人成功建立关系。

放纵型父母的本质与专制型父母相反。他们对孩子的控制非常少，通常无视孩子的不当行为。同时，他们也给予孩子温暖和支持。鲍姆林德认为，在这种环境下长大的孩子会缺乏基本的社会技能，无法跟同龄人正常交往或取得良好的学习成绩。

育儿风格和儿童发展

在研究育儿风格对儿童发展的影响时，考虑家庭的其他方面也很重要。现代发展心理学家不认为儿童是育儿行为的被动接受者。相反，父母也会受到儿童行为的影响，儿童会在脑海中主动思考并重构自己与父母之间的经历。众所周知，父母能对孩子产生影响，但别忘了，孩子也会影响父母，而且孩子会从不同的角度解读个人经历——一个孩子所认为的家庭快乐，在另一个孩子看来可能是悲惨甚至是虐待。

> 父母的身份是一项非常重要的职业，但从未为了孩子的利益而对其适用性进行测试。
> ——乔治·伯纳德·萧（George Bernard Shaw）

日托与发展

如果说对照料者的依恋关系形成于婴儿期，那么对 1～2 岁待在日托所的婴儿来说会发生什么呢？这些婴儿是不是无法与父母建立依恋关系呢？即使可以建立，他们的依恋关系是否会因为频繁跟父母分开而在一定程度上减弱或受损呢？再者，除了依恋关系，婴幼儿期就跟父母分开是否会影响孩子的社会、情绪或认知发展呢？

过去数十年间，被寄养在日托所的婴儿数量大幅上涨，这种现象引起了科学家的兴趣。现在，在大多数工业化国家，多数孩子到了 3 岁就不再由父母照料了，很小一部分婴儿和学步期儿童仍被寄养在日托所。女性事业发展及成年人就业模式的重大变化造成了育儿模式的转变。对现在

心理学与社会

为人父

多数心理学理论与研究强调母亲在孩子发展过程中的作用，研究父亲在孩子生活中的角色的理论相对较少。20世纪 70 年代，这一失衡局面开始逆转，因为发展心理学家开始对"父亲如何影响孩子发展"这一问题产生兴趣。

科学家发现，在父亲跟孩子的接触范围及婴儿日常教养的参与度方面，不同文化之间存在巨大差异。大量类似研究主要以欧洲国家和北美等现代工业化国家的父亲为对象。在这些文化中，虽然父亲的育儿参与度远远低于母亲，但大多数孩子都跟父亲有交流。少数研究表明，在父母都有全职工作的家庭（如双职工夫妻）中，母亲是日常照料孩子的主要参与者，而父亲的参与度更低。在接送孩子上学、夜间陪伴、带孩子看医生等事情上，母亲都承担了主要责任。

这些研究还表明了母亲与父亲在与孩子的交流方式上的差异。跟母亲相比，父亲跟孩子互动，甚至跟小婴儿交流时，更容易打打闹闹。这些互动让人情绪高涨。部分研究表明，这种互动十分重要，有利于孩子在幼儿园时期学会了解并掌控自己的情绪。如果孩子跟母亲之间形成了非安全的依恋关系，那么安全的父亲和婴儿的关系可以弥补，父亲同时还是母亲和整个家庭的重要支撑。传统的父亲一直是家庭收入与资源的主要来源，即使他不再担任这一角色，他仍然能在母亲育儿时为其提供社会支持与情绪支持。

的大多数家庭来说，家长需要或希望出去工作。

国家差异

在这样的总体趋势下，各个国家寄养在日托所的婴儿（不到 1 岁）数量仍然有很大差异。如果母亲想或需要外出工作，而家里没人或者没有信得过的人可以照顾婴儿，她们往往可以获得某种形式的婴儿照料。瑞典是日托所数量较少的国家，这是因为母亲能收到政府提供的津贴，从而抵消损失的工资，安心待在家里照顾孩子。

依恋关系受到的影响

20 世纪 80 年代，科学家开始研究日托所对婴儿依恋关系以及其他在婴儿期可观察到的发育结果的影响。该研究引发了一场激烈的辩论，却未得出确切结论。杰伊·贝尔斯基（Jay Belsky）声称，这些研究表明，那些每周在日托所寄养超过 20 小时的未满 1 岁的婴儿更可能跟母亲建立非安全依恋关系。同时，艾莉森·克拉克 - 斯图尔特（Alison Clarke-Stewart）反驳称，对于已经适应了跟母亲定期分开、定期团聚的婴儿来说，陌生情境实验并不适用。但是，根据美国国家儿童健康与人类发育研究所最新的一个纵向研究，对多数婴儿而言，

被寄养在日托所并不影响他们与父母建立依恋关系——无论婴儿是否日托，母亲的敏感度和对婴儿的回应度对母婴依恋关系的建立更为重要。近期的其他研究同样揭示了日托与婴儿其他发育结果之间的关系。一些研究甚至表明，日托甚至会对儿童的认知发展产生积极影响，对那些生活在高风险家庭环境（如父母有犯罪史）中的儿童来说尤为如此。

部分研究表明，如果婴儿很小就被长时间寄养在日托所，部分婴儿长大后可能变得争强好斗，不服从父母和老师的管教。然而，这些结论尚未得到其他实验的证实，不同研究结果参差不齐，而且大多数实验所采用的样本规模小，不具有代表性。

关于寄养在日托所会对婴儿产生什么样的长期影响的研究正在开展，谈论这场有争议的辩论何时落幕仍为时过早。

> 儿童保育时间过长，尤其是在婴幼儿时期，这样做无异于培养精神变态患者，这种结论是错误的。
>
> ——杰伊·贝尔斯基

第八章　社会发展

人天生是动物。

——哈里·斯塔克·沙利文（Harry Stack Sullivan）

社会行为的复杂性使人类从其他所有动物中脱颖而出。但人类刚出生时无法理解他人，缺乏跟他人互动所需要的基本沟通技能。我们对"自我"的认知由他人对我们的看法和我们对他人的看法所塑造。从他人的角度看待事情的能力促使我们形成共同的道德观。幼年时期的友情是影响我们余生能否形成健康社交关系的关键因素。

在了解他人之前，我们必须先了解自己。早在 100 多年前就有社会科学家提出并研究"自我"形成的理论，"自我"即我们的身份和对自身兴趣与能力的概念。1902 年，美国社会学家查尔斯·霍顿·库利（Charles Horton Cooley）提出，"自我"是他人对我们看法的一种反映——镜中的自己。如果父母、兄弟姐妹和同龄人说我们聪明、漂亮、强壮，那么我们很可能这样看待自己。如果别人对待我们的态度让我们觉得自己愚钝、不讨人喜欢，那么我们也很可能这样看待自己。

我们一直使用镜面"测试"。例如，当你为了约会精心装扮，期待对方看到自己会做出何种反应时，你就是在使用镜面测试。当你在课堂上因为担心自己说错话而犹豫是否要开口时，你就是在想象他人将如何看待你。

游泳队队员正骄傲地展示自己的金牌。根据查尔斯·库利的镜面自我理论，她们认为自己是成功的，这一概念被团队里其他成员以及父母和兄弟姐妹的认知所强化。

美国社会心理学家乔治·米德（George Mead）进一步阐述了库利的理论。米德理论的一个核心是，孩子在社交过程中形成了对自我与他人的认知。等到孩子掌握了跟他人沟通的技能，他们就了解了自己，并且学会了如何从他人的角度看世界。小孩子利用对自己和他人的了解玩"假扮游戏"是一个可观察的现象，如在"过家家"游戏中，他们既要扮演自己又要扮演父母。

> 如果不承认孩子具有自我意识，不了解他如何看待这些意识与自我意识之间的关系，并不能基于这一关系看待他的意识过程，就不可能完全解释或控制教养过程。
>
> ——乔治·米德

在人的一生中，我们会运用角色扮演来定义自我认知和对他人的认知。人不需要成为父母，甚至不需要等到成年，就能了解父母的行为，而且大多数人多少有点意识，知道自己成为父母后该怎么做。我们还扮演一些现实生活中可能永远不会扮演的角色。例如，多数人长大后都不会成为侦探或航天员，但很多人都想象过自己破案或者搭太空飞船去另一个星球生活的情形。在扮演这些角色时，我们把自己对侦探或航天员的认知付诸实践。

自我意识

在自我意识的发展过程中，自我意识如何真正建立呢？科学家不可能采访婴儿，问他们是谁，那么他们又是如何意识到这一点的？有一个方法也许可以一试，但效果有待验证。研究自我意识形成的科学家必须依赖实验过程。在一次粗浅测试中，一个科学家偷偷在孩子的鼻子上画了一个红点，然后在孩子面前放一面镜子。接着，科学家观察这个孩子看到镜像时做出的反应。如果这个孩子看到镜像时摸自己的鼻子，那么科学家就认为这个婴儿形成了一些自我意识。如果他触摸镜像里的红点，那么说明他还不能认出自己的样子。测试结果表明15~24个月的婴儿能够辨认自己的外表，不到15个月的婴儿似乎无法认出镜子里的自己。

动物如何对比

人们对镜子测试及其测量的内容提出了疑问，怀疑它是否只能测试感知能力。单独饲养的黑猩猩在镜子测试中没有表现出自我意识，因此自我概念确实取决于社会接触。科学家对非人类灵长类动物以及海豚等非灵长类动物进行了比较研究，结果表明，人类并不是唯一能够识别自己的

要点

我们形成的（至少部分）"自我意识"的依据是他人对我们的看法。

- 自我意识在婴儿期迅速发展。自我概念——我们看待自己的角度——在童年与青春期缓慢发展。
- 婴儿很早就开始学习在与他人的互动中应该期待什么，因此，他们能够预测他人的行为，这一技能让婴儿更加理解他人。
- 发展自我意识的同时，理解他人的想法与情绪的能力也在发展。从他人的角度看问题是正常社交发展中的关键技能。
- 自尊——认为自己有价值的想法——跟健康的心理状态密切相关。
- 年轻人探索自己的信仰，当他们质疑父母与兄弟姐妹的价值观时，开始形成身份认知，这是进入青春期的标志。

动物。

婴儿和照料者之间的互动会在婴儿出生后的第一年发生重要变化——这是一级主体间性到二级主体间性的转换。照料者和婴儿之间亲密、面对面的眼神交流被称为一级主体间性，发生在婴儿很小的时候。通过眼神交流，婴儿学会了一个重要的新技能，即话轮转换——这是社会交流中的重要部分。

婴儿快1岁时，二级主体间性出现了。婴儿和照料者的互动行为跟之前相同，但现在他们能够在"对话"中加入新内容，包括物体、人、家里的狗，或者嘈杂的声音。例如，一位母亲正跟婴儿对视微笑，突然婴儿注意到附近躺着一个玩具，妈妈拿起玩具跟婴儿说："看，这个是不是很好玩？听听它发出的声音！"然后，妈妈晃动玩具发出声音。婴儿看看玩具，再看看妈妈，又看向玩具，可能会想伸手抓住它。

在婴儿的成长过程中，他们越来越擅长给妈妈指认物体和人，这种行为扩大了他们之间的互动范围。在这些技能形成的过程中，婴儿学会了沟通的社会规则，发现自己能够对环境和其他人施加影响。这种从一级主体间性到二级主体间性的转变十分关键，有利于婴儿形成自我意识，他们会发现自己能够控制其他人和物体。

静止脸试验

婴儿在跟照料者之间进行社会互动的过程中，他们学到最重要的事情包括对社会产生期待。也就是说，人类是可预测的。某个人会按照期待行动，这一点能够帮助我们交流自己的想法和感受。

婴儿很小就会对其他人的社会行为产生预期，比科学家原本认为的时间早得多。这一发现的依据是静止脸试验。科学家把婴儿放在婴儿座椅中，让一个婴儿亲近的人（如妈妈）或一个陌生人坐在婴儿面前。大人会跟婴儿进行面对面互动，如眼神交流、说话或发出咕咕声，婴儿的回应往往是眼神交流、微笑、发出声音、面部表情发生变化。几分钟后，大人突然定住，面无表情，婴儿可不喜欢这个反应。虽然婴儿看到面无表情的大人反应不同，但大多数婴儿表现出沮丧或者发怒，他们可能会开始哭、烦躁、坐立不安。

有的婴儿看上去似乎害怕或难过，他们可能会后退，看向别的地方或直接定住。他们知道正常的社交行为规则被打破了。一旦大人的表情不再凝固，再次跟婴儿互动，婴儿往往可以重新开始面对面互动。

6~8周大的婴儿微笑时只用到脸的下半部分。这些幼期的微笑是反射性的，由婴儿的身体状态触发，如放屁或者脸颊被抚摸。虽然所有的父母都喜欢这些新生儿

面对面话轮转换

案例研究

虽然出生不久的婴儿看上去不懂交流规则，但研究照料者与婴儿面对面互动过程的科学家却得出了相反的结论。

在一次研究中，T. 贝里·布雷泽尔顿（T. Berry Brazelton）及其同事观察了母亲和婴儿自然的面对面互动。他们发现，婴儿在开口说话很久之前，在跟妈妈互动时就学会话轮转换了。妈妈跟婴儿之间的面对面互动包括微笑、皱眉、惊讶等表情，还有嘴唇运动和发出咕咕声，具有对话性质。非常小的婴儿不太擅长话轮转换，但在接下来的几个月中，他们越来越能够熟练地掌握互动中你来我往的技巧。研究人员将这种互动描述为连贯互动，并且提出这种成型的互动方式是婴儿发展社会技能的关键。有趣的是，研究结果还表明，不足月的婴儿不太容易跟妈妈进行连贯互动，这可能因为他们的神经系统不够成熟。

的笑容，但多数父母会意识到这些笑容本质上并非发自内心，不具有社会意义。2～3个月大的婴儿开始用真心的社会性微笑回应——发出这种自愿的笑容时会用到整张脸。父母和其他人能够通过跟婴儿说话、进行亲密的脸部接触或者展示有意思的东西来逗笑他们。

最初，任何人都能让婴儿回应社会性微笑，但3～6个月大的婴儿开始表现出对照料者的偏爱。英国依恋关系理论学家约翰·鲍尔比认为社会性微笑对建立有力、安全的依恋关系而言至关重要。婴儿真情实感地享受与父母的互动，父母看到婴儿的微笑时也会有特别的感觉。

社会参照

社交技能的另一个重要组成部分是跟他人交流自己的情绪。当婴儿看着照料者的脸了解他/她此时的感受时，社会参照就发生了。社会参照对婴儿而言是一个关键技能，有利于他们在情况不明时了解自己的感受。例如，想象一个9个月大的男孩跟爸爸在公园里玩，一个跟男孩未曾谋面的爸爸的朋友突然出现并且加入他们。他弯着腰开始跟宝宝说话，问他的名字，还试着去摸他。宝宝又犹豫又害怕，但是爸爸允许这个陌生人靠近自己，宝宝看着爸爸脸上安慰的笑，意识到自己不需要感到害怕。在爸爸的鼓励下，他开始朝爸爸的朋友微笑。

> （社会）参照……从婴儿期开始，贯穿整个人生。社会参照处在个人与社会的边界，是个人建构现实时受到社会影响的关键途径之一。
>
> ——索尔·费曼（Saul Feinman）

心理学家用"自我概念"来描述个人对自身的一整套想法。随着孩子的长大，他们的经历更加丰富，大脑逐步发展，形成了更强的思考能力与解决问题的技能，自我概念也会随之发生变化。

儿童的自我概念从婴儿期到青春期是如何变化的？围绕这一点，许多心理学家已经展开了研究。发展心理学家H.鲁道夫·谢弗（H. Rudolph Schaffer）总结了研究结果，提出这些变化可以从5个方面来描述。

> 人类存在的社会性与生产性，以及人类交流能力的广度和深度……决定了人类历史进程不仅是生物进化，也是社会进化……
>
> ——斯蒂芬·罗斯（Stephen Rose）

首先，自我概念由非常简单变得非常

复杂。在描述自己时，小孩子用最抽象的语言，如"我是一个乖孩子"。大一点的孩子和青少年会考虑更多，能够用更长、更具体的描述，如"我是一个可靠的人，学习成绩不好，但自从去年搬家后，我的成绩越来越好了"。

第二，众所周知，小孩子的自我描述很不可靠。玩偶自我概念评估测试得出结论，孩子在六七岁之前几乎不可能形成一个清晰的自我概念。等到孩子长大一些，他们的自我描述更不容易更改，因为随着时间的流失与经历的丰富，他们越来越意识到自己的性格是连贯性的。

第三，自我概念从只使用具体描述转变为强调抽象概念。例如，孩子在谈论和

婴儿等到 2~3 个月大时才学会社会性微笑。社会性微笑被认为是影响亲子关系的一个重要因素——孩子喜欢微笑，这种微笑让父母感受良好。

思考自身时更容易考虑到自己的外貌和长处，如"我是一个女孩""我个子高""我跑得快"。等孩子长大了，他们的自我理解和描述转为内在的心理状态或感受，以及大脑的运转，如"我关心他人""我值得信赖""我心思复杂"。

第四，自我概念越来越强调跟他人的对比。孩子更容易用绝对的语言思考自身，而不以他人为参考，如"我不强壮"。等到年龄更大时，他们会拿自己跟其他孩子做对比，如"我没有其他人那么强壮"。这种向社会对比的转变可能给孩子带来问题，因为它可能不利于孩子发展自尊——他们应该明白自己值得获得别人的爱和积极关注。

第五，自我的公共性与私人性发生了重要改变。虽然学龄前儿童有时候能够区分公共行为与私人想法，但他们必须到童年中后期才开始思考自我概念的私人性。青少年花费大量时间思考身份的私人性，与此同时，他们形成了更强烈的自我意识，更加关注他人对自己的看法。大多数刚刚成年的人已经形成了一种理解，即我们对自己的看法和他人对我们的看法之间存在一种有意或无意的联系。

在认识到自我的同时，儿童也学会了认识他人。科学家发现，儿童认识他人的

过程可以分为五个发展阶段。在第一个阶段（3～5岁），儿童对他人的认识几乎还没形成，他们以自我为中心，不知道别人的想法可能跟自己的有所不同。第二阶段（5～8岁），儿童开始意识到人们可以有许多不同想法，且事实常常如此，但他们还无法把这些角度融入对自己和对他人的理解。第三阶段（8岁到童年末期），儿童开始思考自己和他人的看法。他们能够反省自己与他人之间的不同，但还不能同时记住多个想法。这一技能在第四阶段形成，也就是青春期早期。第五阶段也就是最后阶段（从青春期中期到成年期），青少年开始形成多角度对比（包括他们自己的角度）的能力。他们能够理解抽象群体的想法，如普遍社会或特定的文化、种群。这种考虑抽象群体的信仰和想法的能力对培养道德——即个人的是非观体系——很重要。

案例研究

小孩子的自我概念

想让孩子说出他们的自我概念，我们可以让他们参与玩偶游戏，用到的道具是两个描述不同类型孩子的玩偶。一个玩偶代表风暴来临时喜欢看闪电的孩子，另一个玩偶代表风暴来临时不喜欢看闪电、转而躲起来的孩子。看完玩偶表演后，孩子们选择了他们最喜欢的玩偶。通过这种途径，科学家能够了解4～5岁孩子的自我概念。如果孩子们不必非得在两种玩偶中做出选择，研究报告会更可信。科学家原本让孩子们从两种玩偶中选一个喜欢的，但现在他们的问题变成了"你是哪种"。

类似的研究有助于发展心理学家测量幼儿园儿童的自我概念，心理学家面临的挑战是发明方法测量更小的孩子的心理概念，他们还无法用语言描述自己，这让任务更加艰巨。

在一个儿童早期发展项目中，老师正在用玩偶跟孩子交流，这是了解孩子自我概念的一个方法。

在万圣节化装舞会上，这些孩子正在做游戏，看别人是否能认出自己扮演的角色。随着孩子的年龄增长，他们开始把自我定义跟朋友联系起来。到了青春期和成年初期，我们开始意识到我们对自己的看法与他人对我们的看法之间的关系。

心智理论

作为个人，我们无法直接体验另一个人的想法或感受。由于每个人的想法都独一无二，我们如何理解他人的想法和意图呢？我们"读懂"他人思想的能力是发展自我意识和理解他人的关键方面之一，而自我意识和理解他人是我们进行社会行为和形成道德的基础。

我们用"把自己放在别人的鞋子里"这样的谚语描述自己理解他人的想法和感受，以及这些感受是如何影响行为的。

心理学家用术语"心智理论"表达同样的意思。心智理论指人们意识到他人拥有与我们不同的精神状态（包括世界观）。虽然孩子具体几岁形成基本心智理论还不确定，但明确的是，学前期（3~5岁）是一个分水岭。认知科学家史蒂芬·平克举了一个例子，一个学步期儿童在跟妈妈玩，妈妈给他一根香蕉，说电话响啦。即使这个孩子知道香蕉是香蕉，不是电话，但他理解妈妈所期待的反应，于是假装香蕉就是电话，而不是把它吃掉。

> 把意识想象成与感觉不同的东西，这种谬论……在很大程度上源于人称代词"我"的使用。
>
> ——托马斯·布朗（Thomas Brown）

儿童在童年早期就学会理解他人的想法，但他们的心智能力可不好测。测试心智理论的方法可能有缺陷。有些在心理理论测试中表现不佳的孩子是真的不懂别人的想法，而另一些有心智理论，也能理解别人的想法的孩子，在测试中仍然表现不佳，因为他们天性冲动，可能不明白测试的目的。

错误信念任务

1983 年，海 因 茨·威 默（Heinz Wimmer）和 约 瑟 夫·佩 纳（Josef Perner）进行了一项经典研究，他们提出，如果儿童明白有些人的信念是错误的，那就说明儿童有心智理论。为了测试这个理论，他们发明了一系列涉及洋娃娃和物体的游戏，其中最出名的是萨莉-安妮任务。

在这个任务中，科学家给孩子们展示两个洋娃娃（萨莉和安妮）、一个小盒子、一个小篮子和一个玻璃弹珠。萨莉玩完弹珠后放在篮子里（用布盖上），然后离开房间去外面玩。安妮从篮子中取出弹珠，玩完之后放到盒子里（同样用布盖上）。现在萨莉回到房间，科学家问孩子们："萨莉会去哪里找弹珠呢？"大一点的孩子立即明白萨莉无法正确定位弹珠的位置，她把弹珠放在篮子里，所以她以为弹珠还在那儿，但这个想法不对，因为安妮把弹珠放到盒子里去了。如果孩子回答萨莉会到篮子里找，那就说明他明白萨莉的信念有误，这个孩子已经有了一定的心智理论。大多数不到 4 岁的孩子说萨莉会到盒子里找弹珠，但一两年后，他们迅速学会了从他人的角度看问题。

在多数极端案例中，诊断为孤独症的人可能完全无法理解他人的想法。孤独症是一种发育障碍，或学习障碍，通常在婴儿期被诊断出来。孤独症儿童的明显特征是社交无能；他们完全沉溺于自身，对其他人只表现出一点点兴趣或完全没兴趣。他们不仅无法跟其他人发展社交关系，在语言发育和其他沟通技能的发展上也存在严重延迟。

虽然无法排除孤独症从根源上说是生物性的，但是孤独症的发作和症状的严重性很可能受一系列环境因素的影响。研究表明，虽然有的孤独症患者在特定领域有出众能力，如记忆力、绘画或音乐，但相对出众的孤独症患者在心智理论测试中也表现不佳。

自尊

自尊是自我概念的一个重要部分，即我们对自己的评价多好或多坏。我们开始跟他人对比，认识自己的优缺点时，就开始形成自尊。

与他人对比的过程在童年中期及青春期尤为重要。与自我概念的其他组成部分不同，自尊有具大的个体差异，且流动性很大——我们对自身价值与能力的认识可能在不同的时间、情境、环境，甚至时刻下发生巨大变化。

图中坐在墙上的孩子无法跟操场上的其他孩子建立正常的社交关系。如果要跟其他人好好相处，孩子需要有一个发育良好的心智理论：他们要理解他人的想法和感受，至少要意识到其他人的想法和感受跟自己的不同。

五维度

20 世纪 80 年代，苏珊·哈特（Susan Harter）设计了一个测量孩子自尊五维度的测试：敏捷/身体、社会、外貌、行为与学习成绩。参与测试时，儿童描述自己是否比其他人更敏捷，成绩是否比其他人好，是不是比其他人更有吸引力等。同时，他们还要描述自己有多看重这些能力或特性。

孩子可能认为自己成绩不好，但如果成绩对他们来说不重要，就不会影响到他们的自尊。其他维度也一样。如果孩子在真正在意的能力上缺乏自我价值，就会感到低自尊。哈特的研究表明，童年期和青春期的孩子自尊十分复杂。他们在某些自我认知中可能感到高自尊心（如自己很有吸引力，学习成绩很好），但在其他领域（如运动和社会关系）感到低自尊心。

> 自尊对创造性表达的重要性几乎不可辩驳。
>
> ——S. 库伯史密斯（S. Coopersmith）

虽然有些人的自尊心会因为一些隐晦的原因忽高忽低，但儿童大多数时间都是有自尊心的。自尊心的状态影响人们的社会和情绪发展。高自尊心的人雄心更大，更容易实现目标——前提是他们不会因过度自信而盲目，忽略自己的弱点。低自尊心的人更可能抑郁和焦虑，在跟他人进行社会交往时更容易退缩。

童年早期和中期自我意识的发展最终形成稳定的身份认同。埃里克·埃里克森提出，青春期是形成身份认同的关键时期，人们正是在这个阶段意识到自己是谁以及未来发展的方向的。

身份探索与承诺

20 世纪 60 年代，加利福尼亚大学的心理学教授詹姆斯·马西娅（James Marcia）测试了埃里克森的部分理论。马西娅采访了年轻人对自己生活多方面的认识，包括他们的职业选择和政治态度，他提出身份认同的形成有两方面：身份探索与承诺。

青少年确认信仰、计划未来以及了解过去的过程，就是在进行身份探索。一般来说，他们会考虑到父母、其他家庭成员、同龄人、亲密朋友以及这些人作为个人的

在青春期阶段，我们会形成身份意识——我们是谁，我们一生中要做什么事情。这个阶段艰难且充满挑战，因为人们开始分析自己的过去与未来，开始质疑家里人和同龄人的信仰与行为。

身份。有的青少年会认真考虑这些因素，描述自己的探索过程，有的青少年完全不在意。

身份承诺是青少年和年轻人对自己态度或理想的坚定程度。有的青少年实现梦想的意愿十分强烈，而有的几乎不为之做出努力。

马西娅为青少年的身份认同探索确定了 4 种模式或者状态。这些模式跟年龄紧密联系，但没有固定的发生顺序，几乎没有人会经历所有状态。

4 种身份认同状态

马西娅将不积极探索身份认同、缺少目标与承诺的青少年和年轻人定义为迷失型身份。迷失型身份在青春期初期较常见，在青春期晚期与成年初期更少。

未定型身份对应那些正在进行深度身份探索但未做出身份承诺的人。他们可能正在思考自己的信仰与身份。探索一段时间后，他们会找到答案，坚信刚设立的信仰和目标。

早闭型身份对应那些未认真审视自己的信仰、经验和目标就进行身份承诺的人。早闭是一种相对常见的身份认同状态，青少年或年轻人还未探索其他选择前就确定

了安全传统的目标。这类人很可能与父母或朋友保持一样的价值观和目标而不细想自己是否真的接受这种价值观或具有这种目标。

最后，定向型身份对应那些深入审视自己的信仰和目标，已经形成强烈身份认同感的人。定向型身份在青春期初期很少见，但在青春期后期与成年初期最常见，因为人们已经更加成熟。

自我概念的另一个重要组成部分是对自己性别的认识。人的性别——是男是女——由生物决定，但这只是开端。男孩与女孩身上有男性气质与女性气质的天然差别，除此之外，社会与环境也会影响性别意识的发展。许多心理学家将"sex"和"gender"区分开来。用 sex 时，他们指代的是生物构造；gender 则用来指代社会观念中对应男性和女性的行为、态度和目标。科学家针对男女行为差异的形成以及自我概念的发展展开研究，得出了许多结论。

男孩和女孩的差异

很小的（不到 2～3 岁）男孩和女孩就在玩具类型的偏好上开始展现差异。男孩更容易被汽车和类似的玩具吸引，女孩更喜欢玩娃娃。由于父母、家庭成员和其他

要点

- 生物学因素与社会化之间会产生复杂的影响，导致童年初期就显示出两性行为差异。
- 从童年期到成年期，道德逐渐形成，并与自我发展、逻辑能力与利他行为的发展之间存在重要联系。
- 一旦孩子开始上学，同伴关系和亲密友谊就会对他们的社会发展与心理健康产生重大影响。这适用于整个青春期和成年期。

孩子会强化这种刻板的玩具偏好，所以科学家几乎不能确认这种偏好是由生物差异引起的还是由社会化引起的。在这个阶段，男孩与女孩在公开攻击性方面开始显现差异。从大约 2 岁到整个童年，再到成年期，男性展现的攻击性比女性更强。女孩也有攻击性，但男孩更可能采用物理或语言攻击，女孩表现攻击性的方法更为含蓄，如玩游戏时排挤别人或散布谣言。

从 3 岁到青春期中期，孩子更喜欢跟同性的小伙伴玩。随机观察一个学校操场，你会发现孩子几乎只跟同性的小伙伴玩。男孩和女孩的交友网络也展现出了性

别差异。从上幼儿园开始，女孩的朋友圈越来越小，而且比男孩更封闭。男孩会跟许多其他的男孩玩，他们的圈子更加开放。这样的模式同样出现在其他文化与种群中。一些科学家认为，儿童很难做出异性的行为，这一事实说明行为是由生物学决定的。

性别概念

科学家发现，从童年初期到中期，性别概念的形成有一个明显的过程。在出生后的头几年里，儿童知道了"男孩"和"女孩"的标签，并学会把这些标签贴到自己和他人身上，这是社会化的结果。

这个年龄段的孩子也学会了区分"男人"和"女人"，但他们的判断严重依赖明显的外貌特征。例如，面对男人能不能穿裙子、女人能不能剪短发的问题，一个 4 岁的孩子很容易上当。6 ~ 7 岁的孩子对性别的认识已经接近成年人。虽然他们仍然主要靠外貌来判断性别，但已经能够理解性别跟外貌不一定对应。例如，男人可以留长发，女人可以穿牛仔裤。

数十年来，发展心理学家在孩子的性别概念如何影响行为的问题上一直存在争议。有的心理学家认为，孩子的行为是由他们观念中男孩与女孩的行为模式塑造的，

其他心理学家声称，男孩与女孩在认识性别差异之前就已经表现出行为差异了。一方面，性别差异被视为受基因决定（天生

男孩从很小的时候开始就更喜欢枪等男性化的玩具，女孩更喜欢玩偶等女性化的玩具。关于这种偏好差异到底是天生的还是由父母和他人社会化引起的争议一直存在。

在学校操场上，女孩几乎只跟女孩玩，男孩也只跟男孩玩。孩子从很小的时候就认识到自己是男孩还是女孩，刻板的性别行为模式会被家长、老师和同伴加强。

的），另一方面，有的理论称性别差异是社会化（学习）的成果。

这两种观点被融合到一个理论中，该理论既认为孩子的行为受生物学因素影响，又认为孩子对性别差异的认识受环境影响。这个理论就是性别基膜理论——性别基膜是思想和记忆的心理框架，帮助个人辨别恰当的行为或者在不同情况下如何表现。

性别基膜理论认为儿童的性别认知基于他们已有的对男女外表与行为模式的认知。这些认知包括性别的生物学定义与社会定义。如果事件或物体符合儿童认知中的典型性别行为模式，就更容易引起儿童的注意或被记住。

例如，如果一个小男孩说："看我多强壮。"他的爸爸或妈妈回答道："对啊，你将来肯定能成为高中橄榄球队的中卫。"这样的回应强化了男孩已有的认知，即强壮的身体是一个理想的男性特质。小女孩穿上裙子，她的爸爸或妈妈赞扬她看起来很漂亮，就强化了女孩的认知，即漂亮的外表是一个理想的女性特质。在无数类似的情境下，儿童对男孩/女孩的印象得到了加强。

不同文化之间的性别概念各有不同，男女恰当行为的定义在历史上也发生过重大转变。例如，女人从事曾经被视为男性专属的职业，女孩参与曾经被视为男孩专属的运动，都已经稀松平常。孩子的性别基膜能够轻松适应这种行为转变。即使如

虚假表象

案例研究

20世纪七八十年代，B. 劳埃德（B. Lloyd）和 C. 史密斯（C. Smith）做了一项研究，让妈妈们照顾素未谋面的6个月大的婴儿。他们特地给婴儿反性别打扮和起名，男孩打扮成女孩，女孩打扮成男孩。妈妈们在照顾婴儿时，不依据他们的生物学性别，而是依据表面呈现的性别。妈妈在跟男孩打扮、起男孩名的婴儿玩时，经常给他玩男性化的玩具，如橡胶锤子。如果她以为对方是个女孩，就给她玩毛绒绒软乎乎的玩具。妈妈们对婴儿玩耍方式做出的反应也不同。如果一个男孩装扮、起男孩名的婴儿玩耍时活力十足，妈妈会加入并鼓励他。如果一个外表是"女孩"的婴儿同样活力十足，妈妈会以为婴儿委屈了，并轻声安慰她。

此，无论定义"男人"和"女人"的行为多么具体，性别认同对每个人是否能够形成健康的社会与情绪发展都至关重要。

婴儿出生后的几天，父母谈论婴儿时都带有刻板的性别印象（特定文化中所认为的男孩与女孩的典型特征）。"是个男孩"或者"是个女孩"往往是孩子父母骄傲地对亲朋好友说的第一句话。婴儿刚刚生下来，就根据性别做好了颜色分类——蓝色代表男孩，粉色代表女孩。这些颜色被当作辨认性别的绝对依据，甚至会让父母混淆婴儿的性别。

在真正的两性行为差异出现的很久之前（例如，3 岁的男孩表现出极高的攻击性），父母和其他人就开始区别对待男孩和女孩了。跟与儿子相比，妈妈与女儿的聊天时间更长，声音互动更多；跟妈妈相比，爸爸更可能跟孩子进行肢体互动，跟他们打打闹闹，尤其是在跟儿子互动的时候。父母也更希望孩子能够玩符合性别的玩具（包括跟同性的同伴玩）。跟女儿交谈时，妈妈会用到更多描述情绪的词语，跟儿子交谈时则不如此。

父母会忍受甚至鼓励男孩展现攻击性；但如果小女孩表现出太强的攻击性，她很可能被别人说："人家可不喜欢小女孩这样。"

道德认知

1932 年，瑞士心理学家让·皮亚杰提出，道德在童年时期分阶段形成，且伴随着儿童推理能力的发展。虽然现在看来难以置信，但当时皮亚杰的理论是革命性的。在皮亚杰之前，心理学家们还未认真考虑过道德是大脑发展的产物这一观点。

基于对儿童的观察，皮亚杰描述了所有年龄相近的儿童都会经历的道德推理的三个阶段。

在阶段一（出生到 4 岁），儿童缺乏最基本的思考道德问题的能力。虽然小孩子能学会基本的社会规则，但应用规则是社会学习的结果，而不是因为他们思考过符合道德的待人之道背后的逻辑关系（己所不欲勿施于人）。

图为一名工作中的女建筑师。建筑师历来被看作男性职业，但现在女性也可以从事建筑业。几个世纪以来，关于男人和女人可以从事什么职业或培养什么爱好的观念一直在改变，在不同的文化中也有所不同。

在阶段二（4~9岁），儿童开始理解设定规则与行为准则的原因，但他们对规则的存在与施行的理解很幼稚，认为规则不能更改。成年人遵守规则，儿童顺从成年人不可置疑的权威。

在阶段三，也就是最后的阶段（9岁及之后），儿童学会评估自己和他人的行为。他们意识到道德行为的规则是文化的一部分，可以更改。更重要的是，儿童开始理解，我们遵守道德准则的原因是我们选择坚持高操守或高标准，而不是简单地顺从权威。

虽然皮亚杰的理论影响巨大，但仍有不完善之处。皮亚杰描述的三阶段并未涵盖道德推理的所有变化。不仅如此，发展心理学家认为道德发展并非在童年中期就完成了，青春期与成年期仍会有重大的道德发展变化。

美国心理学家劳伦斯·科尔伯格（Lawrence Kohlberg）受皮亚杰的启发，运用更加系统科学的方法评估道德发展，指出了皮亚杰理论的限制之处。

跟皮亚杰一样，科尔伯格认为道德推理的发展经历多个阶段，但他确定道德推理有六个阶段，涵盖三个道德水平。虽然个体发展从一个阶段进入下一个阶段，但几乎没有人会经历道德发展的最后一个阶段。

> 尽管道德教育听起来令人生畏，但教师一直在践行德育。
>
> ——劳伦斯·科尔伯格

道德推理的第一个水平，即科尔伯格所谓的道德成规前期（preconventional morality），包含两个阶段。在第一阶段（7~8岁之前），儿童根据规则与惩罚确定了对错，并为了逃避惩罚做出行为决定。在这个阶段，儿童无法了解他人的想法，认为道德很大程度上意味着自己顺从权威。

在第二阶段（8~10岁），儿童开始把道德视作简单的正义原则，在这种原则下，自己与他人会受到平等对待。他们了解到他人的需求与欲望很重要，同时，他们表达需求并期望得到满足。例如，男孩在跟朋友玩游戏时遵守规则，并且期望朋友也能遵守规则。这一阶段很重要，因为儿童能够在大人不介入的情况下跟同龄人协商行为准则。如果儿童没有获得这种灵活性，那么一离开大人的监督，他们就无法与同龄人相处了。

> 日常生活中，人们面对伦理困境进行推理时，往往无法充分发挥自己的伦理判断力。
>
> ——杰里米·卡彭代尔（Jeremy Carpendale）

第二个水平是道德成规期，包含两个阶段。在第三阶段（10～11岁及之后），道德推理的重点从如何保护自己的利益转换为如何讨好帮助他人，与此类似，儿童从考虑自己与他人的需求和欲望过渡到考虑自己与他人的意图和动机，这种内在动机（不同于顺从外在权威人物）推动儿童采取道德行为。在第四阶段，即青春期与成年初期，个人强调群体（社会、文化）行为标准的重要性，表现好意味着顺从权威、尊重社会秩序、避免混乱。

第三个水平是道德成规后期，包含两个阶段，且只有一小部分成年人会经历。

在第五阶段，人们发现制定法律和社会规则的人常常犯错，法律并非在所有环境下都能保证公平，既可以被更改也可以被质疑。法律保护社会，所以应该得到尊重；但如果特定的法律伤害到个人的权利且无法通过法律途径得到更改，人们有正当理由违反法律。

到第六阶段的人不再遵守社会定义的规则，而是遵守普遍伦理原则，这套行为准则超越大多数人所定义的合适行为。对部分人而言，任何情况下都不应夺取生命就是一个普遍伦理原则。到达道德发展最后阶段的人面临着一个选择：忽视普遍伦理原则或者违反法律，他们已经准备好违反法律，并承担相应的后果。

案例研究

科尔伯格的道德困境：海因兹偷药

科尔伯格用一个小故事来评估道德发展，故事主角是需要解决伦理困境的人。在经典的伦理困境中，主角叫海因茨，他心爱的妻子病重，没有药就会病死。有一个药剂师有治疗海因茨妻子的药，但价格高昂，超出了海因茨的经济能力，所以药剂师拒绝卖药给他。在绝望中，海因兹偷了药，即使他意识到自己违反了法律，很可能被抓入监狱。

海因兹是否应该偷药呢？为什么？他本来还有什么方法呢？如果你是海因茨，你会怎么做？为什么？科尔伯格称，只有到达道德发展最后阶段的人会为了实现普遍伦理原则而违反法律。

小孩子从父母那里学到适当的基本社会行为。第一个阶段被科尔伯格称为"道德成规前期"。儿童通过大人权威与惩罚规避学会分辨是非，等他们年龄再大一点，就会考虑道德问题。

友谊的角色

如今，心理学家发现友谊在儿童的社会发展中发挥着关键作用。20世纪50年代，美国精神病学家哈里·斯塔克·沙利文发表了一项理论，称儿童的社会化主要发生在童年和青春期与亲密朋友交往的过程中。

沙利文认为，这些"密友"对个人身份认同的形成很关键，进而影响着健康的浪漫关系的发展。尽管现在看来令人惊讶，但当时几乎没有心理学家想过朋友跟伙伴是儿童社交圈的重要组成部分。

自从沙利文发表该理论，科学家们提出了大量问题，包括友谊的建立与变化、儿童如何在较大的同龄群体中建立与改变自己的社交地位、这些关系如何影响儿童的心理健康与发展。

建立友谊

友谊的经典定义是两人之间亲密长久的关系。友谊与和同龄人、父母、兄弟姐妹之间的社会关系不同，组织的活动类型不同，对对方表现的亲密度和忠诚度也不同。一个理论称，随着儿童推理能力的发展，他们对如何建立和维持友情的理解也在发展。当儿童生活中第一次出现稳定的友谊关系时（一般是上幼儿园或小学），这种关系的重点是亲密和友好。5~6岁的孩子常常说某人是他的朋友，因为他们在一个班，对彼此很好，分享

友谊在社会发展的过程中起关键作用。在人变得越来越成熟的过程中，友谊的本质随之变化。小孩子跟朋友一起玩，共享玩具，而青少年从朋友那里获得情绪支持。

玩具。这个阶段的多数孩子在定义朋友时常常改口。

童年中期，孩子们对友谊的概念更加成熟。他们更偏向于从忠诚度、信任以及共同特点或需求（如"他是我的朋友，因为我俩都喜欢踢足球"）来定义友谊。进入青春期后，儿童对友谊的理解又迎来了一个重大转变，友谊是建立亲密关系和获取情绪支持的机会。从这个阶段开始，青少年和成年人将友谊描述为亲密、喜欢与信任。

心理学家约翰·戈特曼（John Gottman）设计了一个研究童年友谊建立的实验。他组织了一群年龄相同但互不认识的孩子，远程给他们配对。配对的孩子一个月一起玩几次，戈特曼用视频录下他们的互动。部分配对的孩子成为了朋友，并保持良好关系，有的孩子没有成为朋友，戈特曼发现在这个过程中存在几个影响因素。

那些喜欢讨论并且找到共同爱好的孩子们更可能成为朋友，未建立友谊的孩子则不太探索发现两人的共同兴趣。前者还会更多地展现自己，跟其他人交流。这种自我展现说明他们信任他人——这是建立友谊的重要基石。他们在交流中明确表现出自己希望跟对方交朋友，降低了二人发生矛盾的风险。即使真的发生矛盾，他们也能够更好地解决分歧。

矛盾解决

戈特曼的研究显示，友谊给孩子提供了学会解决矛盾的机会。友谊并不总是温和轻松的，跟成年人一样，孩子会跟最亲近的朋友发生争吵，但是健康友谊的不同之处在于孩子解决矛盾的方式。建立稳定互助友谊的人能够列出双方分歧，学习如何避免未来的矛盾发生。相反，难以维持友谊的人没有学会如何解决矛盾。攻击性很强的孩子最难维持长久的友谊，因为在矛盾发生时对朋友挥拳或喊叫不利于信任和友谊的建立。

群体中的地位

一群孩子在玩耍，我们能明显看到群体中，有的孩子比其他人更受欢迎。从大约4岁起，孩子们就会在同龄群体中获得地位（如在幼儿园、小学或社区中），有的很受欢迎、讨人喜欢、引人注意，有的不受欢迎、被人排挤。

有的孩子被拒绝，有的孩子被接受，这引发了许多关于儿童社交圈的问题。为什么有的孩子很受欢迎，有的被忽视甚至被当作奚落和霸凌的对象呢？

这种地位一开始是如何形成的呢？这种地位是持续稳定的还是会随着时间变化呢？最重要的问题也许是对于那些被同龄人拒绝、忽视或奚落的孩子来说，这种经历是否影响到他们的社会和情绪发展呢？

科学家用一种叫同伴社会计量评级的方法得出了问题的答案，这种方法帮助他们研究并评估儿童在同伴群体中的地位。虽然有多种进行社会计量评级的办法，但最基本的方法是单独采访群体中的孩子（如同一个班级或学校里的所有孩子）。在采访过程中，科学家给孩子一个完整的名单，然后问他们一系列问题。例如，（1）谁是你最好的朋友？（2）你最喜欢的是谁？（3）你最讨厌的是谁？（4）谁最喜欢打架闹事，科学家可以从这些答案中找出谁受欢迎、谁被讨厌，以及孩子们眼中最乖、最淘气的分别是谁。

> 虽然多数孩子有机会通过参与丰富的世界获取美好的同伴关系，但也有一些同伴关系不愉快的孩子。
>
> ——史蒂文·亚瑟（Steven Asher）

心理学家通过评定结果对群体里的孩子进行分类。受欢迎的孩子被其他孩子选为"讨人喜欢"，被拒绝的孩子被选为"不讨人喜欢"，被忽视的孩子不被人选择——仿佛同龄人根本没注意到他们。到目前为止，平均水平或者典型的孩子人数最多，他们被某些同伴选为"讨人喜欢"，又被其他同伴选为"不讨人喜欢"，成年人的评级结果与此类似。在同伴中，尽管多数被同伴拒绝的孩子仍然被拒绝，但有的孩子的群体地位保持不变，有的随着时间改变。

被同伴拒绝

在大多数学龄儿童和青少年群体中，有一小部分人会被其他人拒绝。通过观察孩子们在操场和教室的状态可以轻易发现这类人的地位，被拒绝的孩子跟别人的互动更少，敌对性更强。为什么他们的同伴会拒绝他们？这会带来什么影响？数十年类似的研究得出了初步答案和建议，供后来的科学家参考。许多研究表明，表现出攻击性的儿童更容易被同伴拒绝。一个孩子进入一个新的群体（如刚刚开学的时候），发生矛盾时大喊大叫还打人，其他孩子会马上确认这个小孩很好斗，进而避开他/她。

虽然被拒绝的小孩会受到不良影响，但也情有可原。谁喜欢跟一个阴晴不定、

案例研究

同伴地位的形成

孩子会因为好斗而被拒绝吗？还是他们会因为被拒绝而变得好斗呢？为了找到答案，心理学家进行了大量实验。20世纪80年代，肯·道奇（Ken Dodge）和其他科学家从不同学校里挑选孩子，随即把他们分配到一起，组成一个新的玩伴群，让这些孩子跟素未谋面的同伴一起玩。实验开始前，科学家对孩子们进行了同伴社会计量评级，确定这些孩子在各自的学校中是受欢迎的还是被拒绝的。

当这些孩子进入新群体时，科学家在实验中反复观察他们的行为，测量他们的评级。之前在学校里被拒绝的孩子在新群体中再次快速确定"被拒绝"的地位。虽然他们之前的名声不会影响到他/她在新群体中的地位，但被拒绝的孩子很可能再次被拒绝。这一类孩子在加入游戏或谈话时容易对别人展现敌意和攻击性，缺乏沟通技巧。他们的行为与被拒绝的因果关系仍不确定。讨人喜欢的孩子加入群体聊天或游戏时更加温和，他们可以利用更多技巧。

脾气暴躁、不爱分享又有攻击性的小孩玩呢？

声名狼藉

人的名声一旦形成，就难以摆脱（但并非毫无可能）。同伴拒绝是持续循环中的一环，使被拒绝儿童的社会沟通问题进一步恶化。进入新群体的好斗儿童不知道如何加入游戏，也不知道怎么解决群体问题，更容易再次被同伴拒绝。他们越无法参与到同伴的互动中，社交技巧就越跟不上，在同伴群体中就越失败。这既是自然情境（如学校操场）下的观察结果，也是儿童发展实验的结果（如肯·道奇和同事做的实验）。

许多心理学家称，同伴对儿童产生的社交影响比父母的影响更重要。儿童上了几年学进入青春期后，他们跟父母和兄弟姐妹在一起的时间越来越短，跟朋友在一起的时间越来越长。再过几年，他们开始接纳朋友的价值观、态度和行为风格，这些价值观、行为方式和着装风格都跟父母的不同，从而引起了所谓的亲子间的"代沟"。

虽然儿童的性格、成绩和态度都跟朋友相似，但这种朋友之间的相似性如何形成尚不清楚。儿童会选择相似的人作为朋友吗？这称为选择。还是儿童跟朋友长时间待在一起，受对方行事风格和信仰影响的结果呢？这称为社会化。

这个问题的答案不简单：我们之所以跟最亲近的朋友有共同的兴趣和信仰，是因为我们选择跟他们交朋友；我们之所以跟他们交朋友，是因为发现我们有共同的兴趣和信仰。同样，朋友之间的兴趣和信仰会相互影响。

亲密的朋友有共同的兴趣和信仰，着装风格类似，喜欢待在一起。亲密的朋友之间互相模仿是因为他们在一起的时间太长还是因为他们选择跟同价值观和品味的人交朋友，这是一个复杂的问题。

近期的研究展示了选择与社会化如何影响到反社会和犯罪少年的友谊关系。童年中期的好斗儿童（他们在班里多数不服管教、破坏秩序）更容易被同伴拒绝。如

果他们不改变行为，就越来越难交到朋友。进入青春期初期，他们很可能只有几个朋友，还都是类似的反社会少年，这并不惊奇。跟受欢迎的孩子建立的友谊相比，反社会少年之间的友谊更脆弱，关系更差。

车里的一对情侣被警察拦下。青春期的少年跟父母在一起的时间越来越短，跟朋友在一起的时间越来越长，这常常意味着他们会有相似的价值观和态度。研究显示，反社会少年们会互相影响，让对方更加离经叛道。

俄勒冈大学的托马斯·迪休（Thomas Dishion）等科学家的研究表明，反社会少年会教对方如何更加反叛，使对方社会化。心理学家将这个过程描述为偏差训练（deviancy training）。偏差行为包括吸食毒品和使用暴力。科学家还测量了同伴压力对未成年人吸烟喝酒的影响。犯罪少年常常在聚集时笑谈施行反社会和违法行为，即使

他们知道有人在旁观或者录像。在这些交谈中，他们认可犯罪行径，进而强化对方的反社会态度。他们还会讨论自己的事迹和态度，向对方传授新的反社会行为。在这种情况下，青春期的友谊阻碍了青少年健康发展，导致他们学会并做出偏差行为。

　　这种社交影响含蓄却深刻，即使参与资深治疗师的小组治疗也难以摆脱。反社会行为与态度成为犯罪少年之间的社会"黏合剂"，可能导致集体吸毒和不加措施的混乱性行为。反社会少年和年轻人建立浪漫依恋关系时，伴侣可能有着类似的过往，同样采取反社会行为，这表明选择和社会化的循环持续到成年期。

友谊……是生活具有价值的原因之一。
——C·S·刘易斯（C.S. Lewis）

第九章 应用与未来的挑战

—————— 发展心理学与现实世界的关系及对未来的讨论。——————

人类从胚胎到成年人的发展心理学研究是一个快速发展的领域。心理学家们已经将先进技术应用于研究，如用遗传识别优化心理疾病的治疗方案。有的研究旨在改进儿童的抚养方式，帮助他们在新的问题和挑战层出不穷的环境中成长。

在过去的100年间，我们对人体生物学的理解发生了巨大飞跃。不仅如此，科学家开始研究环境对心理特征的影响，这彻底改变了心理学家对儿童发展、家庭的本质与重要性，以及心理紊乱等学科的看法。针对遗传学、大脑的发展，以及国家和文化影响的更广泛意义的多学科研究将一系列科学原则纳入心理学领域。这与早期许多运用内省法的科学家形成了鲜明对比，这一方法一直因缺乏外界验证客观性而饱受诟病。

研究大脑发展

关于性格的形成与发展究竟是受遗传（先天）影响还是外界环境影响（后天）的争论在科学界已持续多年。如今，心理学家意识到人的发展是遗传与环境不断互动的结果，这是多个学科共同得出的结论，最出名的是遗传学（研究遗传及其影响的学科）和认知神经科学（研究大脑及脑部活动的学科）。

20世纪最后25年间，针对婴儿期与童年早期大脑发展的研究呈井喷式爆发，且实验质量大幅提高。科学家也获得了新的重要洞见，发现了早期经历（如被父母拒绝或营养不良）是如何通过影响大脑对后来的认知发展和社会情绪发展产生影响的。大脑发展领域的许多发现得益于先进的技术，如功能性磁共振成像和运用习惯化的诊断工具。

与此同时，神经学家和心理学家在早期经历是否对大脑发展影响最大这一问题上仍有分歧。有的科学家认为，不论婴儿期和儿童期有何种经历，大脑都能够适应生活中的变化，但外界环境对大脑的发展

荣格人格理论的新视角

　　心理学跟其他的科学分支一样不断发展，人们会频繁回顾或阐释其奠基理论与观点。例如，瑞士精神分析学家卡尔·古斯塔夫·荣格（Carl Gustav Jung）在他的著作《心理类型》（*Psychological Types*）中表示，人格可以分为两类——内倾和外倾。按照荣格的标准，内倾的人关注主观经历、个人的心理过程以及个人的想法与幻想世界。相反，外倾的人对客观经历、外在的表面世界及外界现实表现出强烈兴趣。内倾的人并非只关注自己，只是他们关心的不是浅层可见的表面，而是所有事物背后的意义及现实的本质。

　　多年来，荣格的人格理论被广为接受，但最近人们又仔细推敲了该理论，发现这个理论并非完全基于科学方法得出，具有局限性。人们会根据不同情境从内倾转换为外倾，人格理论将这种明显可观察到的转换趋势简化了。人们感到放松时就外向，但觉得不适时就内向。如今的心理学家认为大多数人都是中间性格者——内倾与外倾的结合体。

图为卡尔·荣格在德国波林根家中的书房。荣格在研究生涯早期跟西格蒙德·弗洛伊德合作紧密，但荣格不赞同弗洛伊德研究力比多与近亲结婚的方法，最终两人在生活与事业上分道扬镳。然而，荣格和弗洛伊德都是人格研究领域的主要开拓者。

产生多大影响，营养不良和贫穷等经历对儿童大脑的影响持续多久，这些问题仍不得而知。

　　尽管如此，现代心理学家已经深入了解到在童年早期大脑如何发育和发挥功能，以及神经系统的功能如何影响儿童的想法、情绪和行为。这些知识有助于他们越来越坚定地为儿童的发展提供建议。

心理学家研究大脑发展，得出了针对各年龄段心理问题的治疗方案。首先，现在人们已经知道人出生时大脑尚未发育完全，在童年期和青春期，大脑经常在短时间内持续快速地发育。

第一，动物研究结果表明，大脑会随着青春期荷尔蒙（化学信使）水平的变化

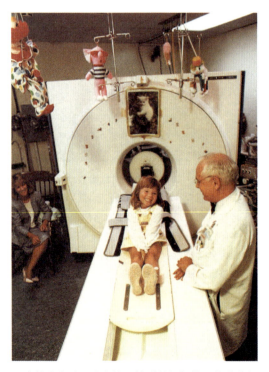

图中的小女孩正准备接受核磁共振扫描。核磁共振扫描仪中含有一个强力磁铁，可以让大脑中不同的化学物质显示为不同的无线电信号，从而显示大脑的一系列二维切片。

进行重组。因此，大脑发展出现的问题比之前想象的更容易纠正。

第二，科学家们表示，大脑发育需要受到特定刺激。大脑中的某些部位必须在具体发展阶段受到刺激才能发育，而其他部位在任何发展阶段受到刺激都会发育。通过研究刺激的时机和本质，发展心理学家可能很快就能研发出相应的治疗方案，逆转神经障碍的影响。

第三，人们发现，即使大脑在生命早期发育最快，但它在人的一生中都能发生变化。例如，常常用脑解决问题、玩电子游戏或进行创造性工作的老年人更容易重新启用神经系统，否则，神经系统可能会因为大脑不活跃而退化。脑力跟肌肉力量一样需要定期锻炼才能保持。随着年龄的增长，想要保持思维敏捷、记忆不退化，建议是很明确的——用进废退。通过进一步研究人生各阶段大脑发展的变化，心理学家希望找到治疗方案来缓解衰老带来的脑功能退化。

心理遗传学

除了大脑发展的研究进展，科学家们还发现了遗传学对一系列心理属性的影响，如智力、性格、情绪、心理疾病和心理紊

乱。未来数十年会有大量研究和仪器应用新遗传技术，这有助于制定新的治疗方案，甚至治愈疾病。

多年来，心理学家一直在思考遗传因素对人类社会与情绪发展的影响。行为学家以同卵双胞胎和异卵双胞胎、同父同母和同父异母（同母异父）的兄弟姐妹、收养儿童和异父异母兄弟姐妹为对象进行实验，实验结果显示基因遗传会对人格特征等诸多心理属性产生重要影响。

虽然基因遗传的重要性广为人知，但科学家们对基因如何对性格、情绪等心理特点产生实际影响知之甚少。然而，近期获取与分析脱氧核糖核酸（DNA）的技术

案例研究

习惯化与大脑功能

大脑习惯化测试是诊断孩子是否患有广发性发育障碍或智力迟钝的有效工具，可以用来测试不涉及语言或其他交流技能评估的脑功能，因此适用于小婴儿。

科学家发现，如果他们给健康的婴儿重复播放一个声音或重复展示一个视觉信号，婴儿对该刺激的注意力会逐步减弱，因为婴儿习惯了（或适应了）该刺激。当出现了一个新的刺激，如播放新声音或展示新图片时，婴儿往往会提高注意力——他们意识到刺激发生了变化，这被称为去习惯化。

人们面对刺激形成习惯化和面对新刺激去习惯化的速度不同，这种差别可以准确预测神经的基本发育情况和机能水平。所以，习惯化测试可以用作大脑健康的建议测试，尤其适用于婴儿。

习惯化测试虽然流程简单，但经受住了时间考验，测试结果与儿童长大后的智力测试表现相吻合。习惯化方法不仅推动了婴儿期和童年早期的认知发展的广泛研究，还推动了其他物种的认知发展研究。

习惯化方法有望用来检测未出世胎儿的大脑异常。科学家可以通过在子宫外播放巨大的声音，测量健康胎儿与患唐氏综合症（一种影响心理功能的基因混乱）等已知疾病的胎儿的习惯化水平。如果胎儿听到声音后有反应，他们可能会动，或者心率发生改变。科学家可以通过测量这些变量来确定胎儿习惯这些声音的速度有多快。健康的胎儿习惯化速度正常，而唐氏综合症胎儿习惯化和去习惯化的速度更慢。通过进一步研究，习惯化可能很快会被用作测量胎儿大脑发展的诊断工具。

有所突破。DNA 是构成携带父母基因序列的基础分子，科学家可以通过分析人类的DNA 找到一系列遗传特征，如智力、精神分裂、抑郁、狂躁和痴呆。

多数由基因革命引起的心理研究项目旨在优化诊断方法和寻找新型治疗方案。例如，产前诊断唐氏综合症、脆性 X 染色体综合征和苯丙酮尿症，这些障碍性疾病是引起智力迟钝的主要原因。导致阿尔兹海默症（老人失忆和失去认知技能的绝症）的多种遗传标记也被发现。除此之外，科学家认为遗传特征很有可能是注意缺陷多动障碍的病因。

遗传学家和心理学家期待更多发现，以早日找到抑郁症、焦虑症和精神分裂症等心理疾病前兆对应的 DNA 序列。虽然找到病因并不意味着找到治疗方法，但病因研究仍然是正确道路上的重要一步。

我们还需要进行大量研究，才能真正实现这些研究的价值。目前进行的多数研究还停留在实验和高度探索阶段，科学家们不断获取新发现。心理学家不久前才开始意识到遗传影响的高度复杂性，而且最

新的科学突破让他们开始思考基因治疗和基因研究的伦理问题。参与研究的志愿者的基因材料该如何保存和保护？要保存多久？由于心理学上对正常存在偏见，为了延长人们的寿命而修改其 DNA 的做法正确吗？除此之外还存在许多其他伦理问题，这些问题仍然需要经过严格审查和讨论。

适应不断变化的时代

心理学家逐渐意识到研究儿童的成长环境或"背景"的重要性。研究环境的变化可以获得大量信息，从而了解到人们如何适应环境，这有助于制定新的治疗方案，提高整体的心理健康水平。

过去百年间医疗水平的提升使"高危"婴儿的存活率达到新高。"高危"婴儿指早产儿和出生体重远达不到健康标准的婴儿。

在评估医疗水平的提升对心理发展的影响之前，我们必须明确一个关于"高危"婴儿及其

图为一对双胞胎女孩。科学家以同卵双胞胎和异卵双胞胎为对象展开广泛研究，旨在回答性格、认知发展和心理障碍是"先天还是后天"造成的问题，最近的研究还运用了基因序列技术。

心理研究中的 DNA

遗传的关键是基因编码（或基因组），即决定细胞发展的一系列化学物质，基因编码的核心则是脱氧核糖核酸（DNA）。科学家开始通过研究 DNA 来分析遗传因素在多个心理领域的影响，从而在传统基于环境的发展研究框架内研究分子遗传学。

从口腔中获取人体细胞被广泛用于获取 DNA，且成本低廉。科学家用棉签在参与者的口腔内轻轻擦拭，以获得脸颊内部的细胞，然后将其放置在塑料容器的保存液中。只要保存条件适宜，保存液中的细胞可以永久存活，很长时间后仍然可以用作 DNA 分析研究。

DNA 在心理研究中有多种用途。如果收集的 DNA 数量较多，科学家可以通过扫描整组人类基因，寻找特定心理属性与基因组特定位置的联系。基因组扫描技术已经带来了很多重要发现，如发现了造成苯丙酮尿的单个基因。如果发现婴儿带有苯丙酮尿基因，通过简单的饮食调整就可以有效治疗，且大大降低了婴儿长大后智力迟钝的概率。

心理学家还发现了"候补基因"，并测试了这些基因对多个心理属性的影响。例如，已知一些基因的编码对应大脑中与特定心理特征有关的神经传导物质，那么科学家就可以选择这些特定基因进行实验。科学家定期测试多巴胺和血清素基因对抑郁症、焦虑症和注意力缺陷障碍症状的影响。虽然这个过程时间成本高，并且需要进行大量实验，但心理学家认为基因研究将带来重大发现，可以优化多种心理疾病的诊断方法，找到更好的治疗方案。

图为一个 DNA 分子。DNA 中形成基因编码的化学物质结合成一个长梯形结构。它们以微小的角度结合，形成"双螺旋"形状的扭曲结构。科学家近期才开始将基因技术应用于传统心理研究。

家人的至关重要的问题，即如果早产或出生体重过低是否会有长期影响，如果有的话，会产生什么影响？

有没有心理治疗可以提高孩子的生活质量呢？如何定义胎儿"不足月"？又如何定义胚胎的尺寸"太小"？我们是否能够代表社会定义这些分界点并合理制定相关法律法规呢？如果不能的话，这些决定又该由谁来完成呢？

如今，不足 27 周妊娠期或出生重量不足 2 磅（0.9 千克）的新生儿都能存活并长大成人，这在许多国家都不足为奇，很大程度上得益于很多地方都设置了新生儿重症监护室。这些监护室中配有相关设备和

韧性的根源

世界上有很多儿童和青少年在住房、食物、水和医疗护理方面的需求得不到满足。但即使在极端贫困的情况下，有些孩子仍能正常发育。科学家一直对韧性的根源很感兴趣。韧性指有些高危孩子不仅能活下来，还能健康成长的能力。心理学家希望发现有利于培养韧性的因素，从而找到新的治疗方案，有效提高全球各地高危儿童及其家庭的心理健康水平。

在一个著名的健康研究项目中，心理学家艾米·沃纳（Emmy Werner）和鲁思·史密斯（Ruth Smith）研究了1955 年出生在夏威夷考艾岛的一组婴儿。他们从婴儿期开始跟踪调查这些孩子和他们的家庭，持续到婴儿都长大成人，并对多项调查结果进行多次评定。调查刚开始时有近 700 名孩子，接近三分之一的孩子面临着发展出现问题的风险，风险因素包括早产或出生体重过低等生产综合症、贫困和患精神疾病的父母。然而科学家发现，虽然存在这些因素，很多高危儿童长大后仍能保持健康快乐。

沃纳和史密斯发现了高危婴儿健康成长背后的特定因素，包括跟兄弟姐妹的亲密关系、童年初期照料者的高关注度、核心家庭和大家族强有力的亲情纽带、生活中几乎没有高压事件，如父母去世、离婚或其他生活剧变。

该研究表明，孩子面对贫困状况的反应天差地别——每个例子都不同，每个孩子都应该被视为独立个体。有了这些发现，心理学家们希望将来能够执行一些项目，让高危孩子远离贫困区域。这些项目很可能给部分孩子带来帮助，否则他们可能会面临一系列发展问题。

案例研究

经过良好训练的工作人员，可以帮助维持早产儿的生命体征，直到早产儿的身体和大脑"跟上"发育进度。不仅如此，医生已经意识到，这些高危婴儿不能单独呆着，而需要跟父母和其他照料者频繁进行物理接触才能正常发育。

高危婴儿的长期研究已经表明，有些育儿因素对孩子后续的健康状况和发育而言十分关键，如针对考艾岛孩子的项目。等婴儿恢复良好出院后，妈妈的健康状况和对婴儿的行为就变得至关重要。

如果妈妈没有抑郁，不因初为人母而高度紧张，伴侣、其他家庭成员和朋友也为她提供了足够的社会和情绪支持，那么她很容易敏锐地察觉到孩子的需求并做出回应，这最大程度上推动了婴儿的情绪、

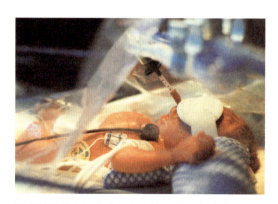

随着早产儿存活率的逐年上升，心理学家针对早产对心理健康的长期影响展开研究。

社会和认知的正常发展。

然而，如果孩子的中枢神经系统或主要器官受到重大创伤，那么即使最敏感的照料者给予孩子最精心的照顾，孩子的心理也不可能健康。出生体重过低的婴儿可能会长期面临健康问题和发育问题，他们的父母和家人都会面临巨大压力。随着高危婴儿存活率的上升，越来越多的家庭从医疗专家和心理医生处获得支持的需求也在不断增大。

人机交互

20世纪最后20年的另一个社会剧变是儿童和青少年计算机和电子游戏使用率的上升。心理学家已经研究了这种转变对孩子生活的影响，也在寻求如何运用这些技术提高孩子及其家庭的生活和心理健康水平，但仍有些问题未有答案。使用计算机和玩电子游戏会造成哪些长期心理后果呢？这是否有利于儿童的社会、情绪和认知发展呢？如果是的话，会不会造成什么损失呢？这些新技术较好地推动了儿童哪方面的发展呢？在许多家庭买不起计算机的情况下，如何让更多的孩子受益呢？

计算机在许多家庭已经很常见，很多学校、社区中心和图书馆也配备了计算机。

计算机往往能够连网，为年轻人提供大量关于各种主题的信息。调查发现，父母往往是出于教育需求购买计算机和连接网络。然而，调查结果显示，对于孩子和大人来说，计算机都主要用于娱乐——电子游戏和上网是现在最常见的娱乐活动。

虽然男孩和女孩都爱玩电子游戏，但男生玩游戏的比例比女生高。很多电子游戏都需要快速思考、制定策略、集中注意力和发挥视觉空间能力。有证据表明，需要用到感知能力和认知能力的游戏能锻炼到这些能力。例如，研究表明，玩电子游戏的人比不玩游戏的人反应更快，控制注意力的能力更强。有研究评估了玩电子游戏和学习成绩之间的关系，但结论矛盾且不明确，无法下定论。越来越多的科学家对计算机如何影响儿童的社会生活感兴趣。

计算机和电子游戏可能会让那些已经被孤立的孩子面临更多问题，但这些科技可能会给其他儿童带来好处。尽管儿童和青少年有机会在网上认识其他人（一些年轻人把朋友明确

划分为两类——"线下的"和"线上的"），但那些长时间使用计算机的孩子与家人和朋友相处时间比没有这些设备时更短。早期研究结果表明，每周花大量时间上网的年轻人可能会出现抑郁症状，如感到悲伤和疏离，但目前尚不清楚二者之间是否真正存在因果关系。

人们越来越关注有暴力元素的电子游戏。通过对儿童和青少年最常玩的电子游戏的研究发现，几乎所有的热门游戏都或多或少包含暴力。这项研究还表明，一些暴力程度更高的游戏会使儿童更具攻击性。然而我们要记住，本身就暴力的儿童更倾向于寻找、享受这些游戏，所以很难区分因果。各种电子游戏如何影响社会行为的发展仍然是一个重要问题，需要有关计算机使用和儿童发展的研究在未来继续探索。

集体育儿调查

根据约翰·鲍尔比的依恋理论，婴儿在出生

这个女孩正跟朋友线上聊天。大量研究聚焦于每天上网数小时对社会和发展产生的长期影响。

第一年就开始与照顾他们的人（通常是母亲）建立强烈而持久的情感纽带。形成这种纽带对婴儿随后的心理发展和心理健康至关重要。几十年来，人们普遍认为频繁、长时间与母亲分离会对婴儿的心理发育造成损害。同时，我们也看到社会对婴幼儿集体护理的态度发生了巨大变化。现在，有很多幼儿被送到家庭日托所（在自己家里经营的小型机构）或日托中心（大型专业保育机构）。一些心理学家认为，育儿实践中出现的这种转变已经威胁到一整代儿童的心理健康，但其他人认为风险被夸大了。目前，研究正在加速进行，而比较不同文化群体能为这场辩论提供极为有用的信息。

研究人员已经开始意识到集体育儿并不是一个新现象，不同文化群体和国家之间的护理类型也存在众多差异。

研究表明，护理质量比社会环境或儿童与护理人员之间的关系更为重要。一个糟糕的家长可能比一个好保姆更有可能让孩子在发展过程中出现问题，婴儿长期呆在公共托儿所可能要好过一直被残酷、不称职的父母照顾。

然而，其他研究项目表明，世界各地有数百万儿童在集体育儿中得不到充分的照顾。解决这一难题是21世纪发展心理学家面临的最大挑战之一。

图中是蚕丝厂工人的孩子。当他们的父母照看蚕蛹、制作丝绸时，护工会照顾他们的孩子。研究表明，只要护理质量良好，幼儿的心理健康就不会因为在集体中被照顾而受到影响。护理质量比儿童与护理人员之间的关系更为重要。

婴儿在出生后第一年会与母亲建立牢固的联系。如果缺少这一关键纽带，婴儿的心理发育可能会受到影响。

版权声明